JN094732

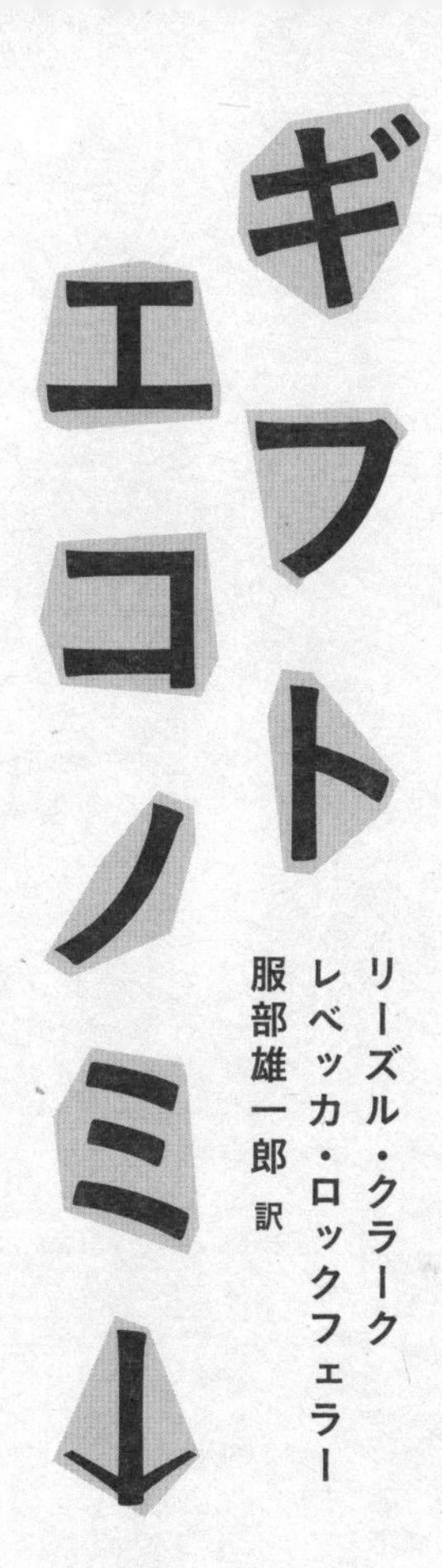

リーズル・クラーク
レベッカ・ロックフェラー
服部雄一郎 訳

買わない暮らしのつくり方

THE BUY NOTHING,
GET EVERYTHING PLAN

青土社

ギフトエコノミー——買わない暮らしのつくり方

もくじ

はじめに　6

「買わない暮らし」はなぜ必要？　21

「買わない暮らし」への招待　35

ステップ1「ゆずる」　41

ステップ2「受け取る」　69

ステップ3「リユース&リフューズ」　89

ステップ4「考える」　139

ステップ5　「つくる&なおす」　155
ステップ6　「分かち合う、貸す、借りる」　187
ステップ7　「感謝する」　233
ここからがスタート――「買わない人生」　243
未来へのビジョン　253
付録――「ごみを見つめなおす」　263
謝辞　271
訳者あとがき　274

以下のサイトに、本文中の注番号に該当する原注および参考文献を掲載しています。
http://www.seidosha.co.jp/book/index.php?id=3534

【用語解説】

実はまったくちがう
ギフトエコノミーVSシェアリングエコノミー

本書のテーマは「**ギフトエコノミー**」（＝贈与経済）。お金による売買や取引ではなく、無償での「贈与」や「分かち合い」によって、モノやサービスが循環する枠組みを指します。

似たような用語に「**シェアリングエコノミー**」（＝共有経済／共用経済）がありますが、こちらは主として民泊やシェアオフィス、ライドシェアなど、対価を伴うビジネスの形態を意味し、ギフトエコノミーの贈与とは明確に異なります。

どちらも「**個人所有のものを分かち合う**」という意味では共通するのですが、シェアリングエコノミーの“分かち合い”は、「使われていない部屋や車を（他人にも使用してもらうことによって）有効活用する」という意味での分かち合いで、効率化、無駄の削減、リスクの分散などさまざまな革新的メリットはあるものの、そこには貨幣経済と同じ「**対価の支払い**」や「**責任**」が存在します。

これに対し、本書で提唱されるギフトエコノミーの“分かち合い”は、**何の見返りも求めません**。だから、支払いはもちろん、お返しをする必要もないし、「感謝」はしても「恩義」を感じる必要はありません。

「お金を介在しない」ということで、よく「**物々交換**」とも混同されますが、物々交換は「等価なモノとモノの交換」なので、これは言ってみれば「支払い」のようなもの。ギフトエコノミーの精神は、いわゆる「**ペイフォワード**」（＝人から受けた親切を、直接その人に返すのではなく、また別の人への新しい親切としてつないでいくこと）をイメージするといちばんわかりやすいと思います。

（訳者）

ギフトエコノミー

——買わない暮らしのつくり方

はじめに

私たちが「買わない暮らし」を選んだわけ

すべてのはじまりは、12月中旬のある晴れた日。荒天続きの冬に貴重な晴れ間がのぞいた午後のことでした。場所は家からほど近い、ワシントン州のひっそりとした海岸。

日は低く、鈍い冬の光を落としています。私たちは子どもたちと一緒に海岸を歩きながら、4人のちっぽけな裸足が砂をかき分けてちょこちょこ進むのを眺めていました。着ているのは冬のコート。でも気温はぎりぎり寒すぎず、子どもたちは車の中に靴を脱ぎ捨て、毛糸の靴下や長靴からの束の間の解放をたのしんでいました。海岸線に打ち上げられた無数の丸太。その上を綱渡りのように歩き、曲芸ごっこに興じる子どもたち。水は冷たく、深く、強い白波が立っています。海岸線の向こうにぼんやりと浮かんでいるのはシアトルの丘。

私たち、リーズルとレベッカは、1年ほど前から親友同士。子どもたちは4

才から7才。会えばほとんど一心同体、いつも外を探検して過ごしています。この恐れ知らずの小さな冒険家たちに導かれて、私たちは学校が終わると車を走らせ、ずいぶん辺鄙な海岸線にまで足を運んでいました。

レベッカはシングルマザーで、2人の娘エイヴァとミラの母親。ブロガーであり、ソーシャルメディアコンサルタントである彼女は、環境問題に熱心に取り組む家庭で育ちました。対するリーズルはドキュメンタリーの映像作家。『NOVA』や『ナショナルジオグラフィック』などの番組で最前線の科学や冒険をレンズに収め、息子のフィン、娘のクレオ、そして登山家の夫ピート・アサンズとともに世界中を旅してきました。

2人とも冒険や自然が大好きなので、こんな冬の海岸への遠足もごくありふれた日常。今回もそんな1コマに過ぎない――と思っていたら、フィンの足裏にとげが刺さったのです。たのしい裸足歩きの残念な一幕！　せっかくの幸せな空気が涙で台無しにならないよう、リーズルは大急ぎでそのいまいましいとげを引き抜きました。とその時、フィンの足先に何か別のものが貼りついていることに気づいたのです。この不審なものは一体!?　――何と、足の指の間にはさまっていたのは、発泡スチロールの白い粒やカラフルなプラスチックの欠片でした。

足の下の砂をじっと見てみると、直径3ミリほどの小さな粒状のプラスチックがいくつも落ちていました（あとになって、それらが「レジンペレット」と呼ばれ、あらゆるプラスチック製品の中間原料であることを知りました）。そしてすぐに、これらの粒が海岸全体におそろしいほどたくさん散乱していることに気づきました。子どもたちは新しいゲームを思いついて大興奮。「プラッチックのおすなを踏んじゃダメ！」と大騒ぎで駆け出していき、私たちはじっと目を凝らして、周囲の砂や、貝や、流木や、海藻にも、何かおかしなものがくっついているのではないかと観察しました。見つかったのは、さらに不穏なプラスチックの残骸たち。注射器、緑の兵隊（これはフィンがいそいそと自分のコレクションに追加）、コーヒーマドラー、塩ビ管、クレオが持っているのとそっくりのペン、電気のスイッチカバー、誕生日のカラフルな風船、ライター、黄色い赤ちゃん用のおもちゃ、車のバンパー、タンポンのアプリケーター……。どれもこれも、何の変哲もない日用品ばかり。すべてプラスチック製。それらがまとめて海岸に打ち上げられていたのです。

もちろん、プラスチックは前からそこにあったはず。単に私たちの目に見えていなかっただけです。でも、ひとたび見えてしまった今、もう「見ない」ことはできません。私たちが毎日使っている雑多なモノたちが、そろいもそろって海岸までたどり着き、そこら中に姿を隠していたわけです。もはや「覆っている」と言うより、ほとんど海岸の一部と化しているかのよう。

この日が、私たちの「買わない暮らし」の言わば幕開けを告げる日となりました。この2年後に私たちは「Buy Nothing Project（＝買わないプロジェクト）」を公式に立ち上げ、メンバーは今や100万人、ボランティアは驚異の6千人という規模にまで膨れ上がったわけですが、その最初のきっかけがこれ。ちっぽけな海岸の出来事に出くわし、それが地球規模の問題に直結していると気づいたことで、「社会に変化をもたらしたい」、そして「地球環境に異常な量のごみとプラスチックが流れ込んでいる現実に立ち向かいたい」との気持ちが湧き起こったのです。

さて、「買わない暮らし」とは何を意味するのでしょう？　平たく言えば、それは「ほしいものや必要なものを買う前に、ほかのあらゆる可能性を探ること」。そして、すこやかな地球の上で、ゆたかで中身あるたのしい人生を送ることです。これを私たちは「買わないプロジェクト」を通して実践に移してきました。それは、現代人のほとんどが依存している「市場経済」（＝売買）に代わる、ローカルなギフトエコノミー（＝ゆずり合い）のネットワーク。人々が分け合い、買わずに人からもらい、捨てずに人にゆずるネットワークです。

それはひとつの思考の転換でもあります。古いことわざ「ある人のごみは他人の宝」に示される真実を思い出すこと。かつて愛用していた、でも今は使わなくなったものを、屋根裏やガレージやごみ箱に追いやるのではなく、新たな家を与え、第2の命を吹き込む大切さを思い出すこと。

現代人の多くは満足を忘れています。「より多く」を求める渇望は、私たちの財布と地球環境の両方にとんでもない負担を強いています。地元の海岸でプラスチックを見つけたことは、私たちふたりにとって、その事実確認となりました。もはや待ったなし。とにかく、何でもいいからアクションを起こして、みんなで買い物の習慣を見つめなおす機会を持ち、増加の一途を辿る地球上のプラスチック汚染を食い止めなければ、と痛切に感じました。

「買わないプロジェクト」は世界的な運動に成長しました。人々が自由にゆずり、尋ね、受け取り、分かち合うネットワーク。しかもすべてが無料、面倒な義務や条件は一切なし。ここではみんなが得をします。そして、だれもが参加できます――ミニマリストも、物持ちの人も、ぜいたく好きの人も、エコロジストも。それは現代社会における真のギフトエコノミーのモデル。そこでは、モノやサービスが「真のギフト」として介在し、何の見返りも求めずに無料でゆずり渡されます。それは「交換」ではないし、「取引」でもない。値段がつけられることはありません。そこで行われるのは、「本当の」分かち合い。だれか一人がたくさん得をするのではなく、メンバーひとりひとりが、それぞれの行動を通して社会的な立ち位置を深め、種を蒔いた分だけ大きな収穫を得るのです。

みなさんの中には、既に「買わない暮らし」のスタイルを取り入れている人もいるでしょう。きっと、『Uber』『Airbnb』『Vrbo』など、様々な「シェアリングサービス」を利用している人もいるはずです。ただ、これらのシェアリングサービスの多くは、まだ市場経済の一部をなしていて、お金が介在するパターンが目立ちます。「買わない暮らし」はこれを一歩先へ進めて、「お金を一切使わずに」やり取りしてみようとするものです。

この本はみなさんへの招待状です。私たちと一緒に、「買わない暮らし」をどこからでもいいのではじめてみませんか？　私たちは信じています――自分たちが既にたっぷり持っているものをクリエイティブに分かち合うことで、みんながもっと大きな幸せを手にすることができるし、コミュニティはより強く、地球はよりすこやかになっていくはずだと。本書はその具体的な方法をお伝えします。必要なものがあるとすれば、善意と、「人とつながりたい」という人間としての健全な欲求くらい。みなさんの参考になるように、本全体にたくさんのエピソードを散りばめました。プライバシー保護のため、名前や場所は一部変えているけれど、すべて実話です。

さあ、買うのをやめて、もっともっと分かち合いましょう。この本はそれを実行するためのガイドです。みなさんが新しい製品の消費を減らし、既に身の回りに豊富に存在するものを分かち合うためのお手伝いをします。みなさん、「3R」はよくご存知ですよね。そう、リデュース、リユース、リサイクル。でも、私たちに言わせれば、そこにはもうひとつ、「リフューズ」（＝断る／買わない）という重要なRがあるのです。

2013年7月、私たちは地元のベインブリッジ島で、最初のローカルギフトエコノミーの試みをスタートしました。島の人口2万3千人を対象とするフェイスブック・グループを作り、「買わない@ベインブリッジ」と命名するや、グループはたちまち投稿で溢れかえりました！　みんなすぐに気づいたのです。「買わない暮らし」とは単なる大義名分ではなく、ご近所さんとの出会いを促すたのしいきっかけになるのだと。夏の終わりまでには、さらに11個のグループがスタート。年明けには79個、実に5つの州にまで拡大。ミッションはただひとつ――「近所の人たちともっと分かち合おう！」。アイディアは急速に広まっていきました。

参加者たちはおよそ思いつく限りの持ち物やサービスを分かち合いました。本棚、ベビーカー、れんが、コンピュータ、ホームベーカリー、ハウスクリーニングサービス、散髪、カヌー…。最初期にやり取りされたアイテムのひとつは、何とトイレットペーパー・ホールダーの内側に入れるバネ！　誰かが冗談半分で投稿したら、ちゃんとほしい人がいたのです！　私たちは実感しました――「こんなほとんどどうでもいい、でも実際なくてはならないアイテムをゆずることで、私たちは人の役に立つことができるんだ」と。

みんな何かしら、人にゆずれるものを持っていました。小さいものから大きなものまで様々。でも、モノが何であれ、分かち合うよろこびは同じでした。当初、私たちはこのグループでごみや無駄を減らせたらいいと思っていました。実際そうなったけれど、そこにはもうひとつ予想外のおまけがついてきました。近所のみんながお互いをよりよく知るようになり、コミュニティの結束が強まり、新しい友情が生まれたのです。

ギフトエコノミーには、

「①ゆずる」「②受け取る」「③感謝する」

という3つの基本的なアクションがあります。参加者はみな、不要なものがあれば「ゆずり」、ほしいものがあれば「受け取り」、モノが新たな行き先を見つけたら「感謝」の気持ちを表します。

いくつかエピソードをご紹介しましょう。たとえばある冬のこと。化学療法を受け始めた女性が「だれか畑を手伝ってくれませんか？」と尋ねました。次の春、回復して食欲が戻った彼女が手にしたのは、新鮮な野菜と、それを一緒に食べられる新しい友人でした。また、あるご老人は、年老いたペットの犬を乗せて一緒に近所を散歩できるようなワゴンをリクエストし、理想的なキャスターセットを手に入れました。その他、ベビー服が家から家にゆずり渡され、ポットが壊れてしまったコーヒーメーカーは、わずか2ブロック先で、こわれたコーヒーメーカーのまだ使えるポットと劇的なゴールイン。摂食障害の治療中の若い女性は、1週間に一度、食間の休み時間として、地元のカフェで一緒にボードゲームをして過ごしてくれる人を募集。すっかり友人となった近所の仲間と完治を祝い合いました。子育てを終えた初老の夫婦は、ためこんでいた持ち物の数々を新婚夫婦のがらんどうの家に放出。花嫁はウェディングドレスを、年配の女性は遊び友だちを手に入れました。

参加者の創意工夫には驚かされます。種の交換をはじめたり、食器の貸し出しをたのしんだり、はたまた工具を貸し出したり。本の持ち寄り交換会に、編み糸の交換会。キノコ狩りや自然採集のノウハウを分かち合う。洋服をゆずる。

レシピをゆずる。料理を教える。果物狩りに一緒に出かける。ハロウィーン用の衣装やクリスマスプレゼントがそろう「無料の店」を企画する。——どれも、単に「買い物せずに済む」というだけではありません。そこに見出されるのは、古き良きシェアリングの価値。すべてのギフトに物語があり、そこに人と人とのつながりが加わり、みんなの歴史が重なり合っていきます。

ポイントは、すべてのギフトが無料であること。そして何の見返りも求めないこと。

各地でどんどん新しいグループが生まれています。私たちはそんな人たちへのサポートを常時受け付けています。オンライングループの運営と拡充のためのオンライン講座。ルールのひな形や画像、ガイドラインなどの資料。すべてを無料で提供し、質問に答えたり、サポートできる各地のボランティアのネットワークを紹介したりしています。グループの成功には地理的な近さがカギとなるので、メンバー同士がラクラク往き来できる距離に限定することをすすめています。もちろん田舎と都市部では状況が違いますが、往き来のしやすい道路があるかどうか、メンバー数を1000人以下に抑えられるかどうかで、結果は大きく違ってくるでしょう（理想は500人程度）。

6年が過ぎた今、「買わないプロジェクト」のギフトエコノミーは、6大陸

4千グループに及んでいます。アメリカでは50州すべて、オーストラリアとカナダでもすべての州に波及。そして――これは胸を張ってよいと思うのですが――有給のスタッフはただ1人としていません。このプロジェクトの真髄は数千人に及ぶボランティアの存在。「買わないプロジェクト」のローカルギフトエコノミーの裏には、言ってみれば、「もうひとつのギフトエコノミー」の存在があるわけです。支えているのは、「シェアリングには価値がある」と信じる無数の個人。みんなが集まって、「買わない暮らし」を実現しています。

この本はこうしたオンラインのギフトエコノミーを軸にしつつ、インターネットのあるなしに関わらず、「私たちはいかに分かち合えるのか」、具体的な提案をしていきます。一体どんなものをシェアできるのか？　どんなものを「買わない」ことが可能なのか？　なぜ「買わない暮らし」が地球環境によいのか？　そして（たぶんこれがいちばん大切なポイント！）、いかにこのシェアリングの輪を広げていけるのか？　余白や行間にはみなさん自身のアイディアや経験をどんどん書き込んでください。そして、いろいろ書き込んだら、次は別のだれかに渡して、「同じようにしてみない？」とすすめてみてください。

何よりも、「買わない暮らし」をたのしんでください。ユーモアを持ち、自分自身を受け入れることを忘れずに。これは完璧を期す訓練ではないし、自己否定や自己犠牲の上に成り立つものでもありません。「買わない暮らし」に「失敗」はありません。ひとつの考え方として掘り下げ、いちばん自分に合ったやり方で実行に移せばよいだけです。どんなに些細なことでも、成功したら自分をほめてください。

くれぐれも、これから紹介する7つのステップは、あなたの人生をよりよいものにするためにあることを忘れないでください。もしうまく行かないものがあれば、どうか無視してください。先にページをめくって次のステップをチェックするもよし。ひとつひとつびっくり箱のようにたのしむもよし。それぞれのステップに割く時間は、1日でも、1週間でも、あるいはもっと長くかけても大丈夫。自分に合ったスピードを設定し、心の準備が整ったところでそれぞれのステップに挑戦してください。

私たち2人はまったく違う人生を歩んできました。でも、たどり着いた真実はひとつ。ひとりひとりがかけがえのない役割を果たすギフトエコノミーに身を置く方が、モノを自分のためだけに寂しくため込むよりもずっと充実感があるのです。私たちは信じています――みんなが探し求める「いい人生」とは、きっとあふれんばかりの分かち合いの中にこそ転がっているのだと。そして、積極的な親切を心がけると、人生がより意味深く感じられてくるのだと。そして、困窮時に得られるいちばんたしかな安心感は、ゆずり合いの文化に根差す中にこそ存在するのだと。

これは「オルタナティブな生き方」とも言えるでしょう。「**すべてを買う暮らし**」**は人を遠ざけます**。「**買わない暮らし**」**は人をつなぎます**。私たちのゴールは社会に変化を起こすこと。ぜひ買い物をやめてみてください。それは苦しみを伴うことではないし、大切なものをあきらめることでもありません。この本に示されるステップを試していけば、必ずや気づくはずなのです――買わない暮らしで、実は何でも手に入るんだ！　と。

日本にもあるギフトエコノミー

世界規模の広がりを見せている「買わないプロジェクト」（Buy Nothing）のグループ。２０２１年１月現在、日本にはまだ既存のグループはほとんどありませんが（※英語の公式サイト https://buynothingproject.org/ で検索可能です）、実は日本には日本独自のオンラインコミュニティも存在しています。

その代表格が「オカネイラズ」というフェイスブックグループ。映像作家の田中トシノリさんが中心となって、2013年に広島県の尾道でスタート。「お金を介さず、モノやアイデアをローカル内だけでギフトし合う」「あなたの街でもオカネイラズをつくりませんか?」というオープンなスタンスで全国数十か所に広がっています。規模や利用状況はグループによってまちまちですが、尾道のほか、山梨県の甲府や北杜市、安曇野、伊豆、東京の荒川区などの地域では、利用者が数百人から数千人を超え、月の投稿が数十件から数百件と活発な動きを見せているグループも目立ちます。神奈川県の湘南界隈にも「あげます&ください@鎌倉逗子葉山横須賀三浦」というフェイスブックグループがあり、利用者が1000人を超えています。

有料無料を含む媒体としては、「ジモティー」という全国的なオンライン掲示板もよく知られています。地域別/カテゴリー別などで便利に検索できるシステムになっていますが、有償案件が目立つため、本書のような「ギフトエコノミー」の雰囲気からは少しずれるかもしれません。

もっと伝統的なところでは、市役所や児童館などに設置されている「ゆずり合い掲示板」も意外に利用価値の高い媒体ですので、利用したことのない方はぜひ一度目を向けてみてください。

そのほか、日本向けの情報としては、鶴見済さんの『0円で生きる』(新潮社)という本がとてもおすすめです。不要品放出サイト、0円ショップ、くるくるひろば、カウチサーフィン、ヒッチハイク、オープンガーデンほか、役立つ情報がかなり網羅的に紹介されていて、目を開かされます。

(訳者)

「買わない暮らし」はなぜ必要？

さて、海岸で子どもの足にとげが刺さったことが、なぜ世界規模のギフトエコノミーの社会実験につながったのか？

——その答えはもちろん、「プラスチック」に尽きます。

あの海岸での一件を機に、私たちは〃女性活動家〃に早変わり。子どもたちを引き連れ、故郷ベインブリッジを練り歩き、プラスチックごみの流出の現状を調べ上げていきました。満潮になるたびに浜に打ち上げられる大量のプラスチックごみを回収し、フォルクスワーゲンほどの巨大な塊から繊維状プラスチックのような小さなカス、そしてその中間のありとあらゆるサイズのプラスチックごみを拾い上げました。

原因究明に取りつかれた私たちは、3年かけて地元の浜のごみを一掃しました。拾い集めたのはあらゆる種類のプラスチック製品！　バケツ、歯ブラシ、ストロー、気泡緩衝材、フリーザーバッグ、発泡トレイ。そして、拾っても拾ってもなくならないペットボトルとそのキャップ…。私たちは「市民科学者」となり、この根源的な問いの答えを見つけ出そうとあがきました——「私たちの浜と海を汚しているプラスチックは一体全体どこから来たの？」

プラスチックの時代

言うまでもなく、すべてのプラスチックは私たち自身から出たのです。家、庭、車、駐車場、職場、学校、さらにはレストラン。その夏、私たちはベインブリッジの中に世界全体の縮図を見ました。観察を通して実感したのは、「プラスチックはほぼ永遠だ」ということ。いつまでもは土に還りません。単に微細化し、一部の海域では、5ミリ以下（つまりごま粒ほど）になったマイクロプラスチックが、動物プランクトンの数の6倍に及んでいるほど。[1]

プラスチックは、微細化すると海洋生物に誤食されやすくなり、食物連鎖に入り込むリスクが増大します。私たちはこの目で見てきました。たとえば、ポケットから落ちたペンは、1回タイヤに踏みつぶされただけで粉々に。風に飛ばされたレジ袋は、日光に晒され、木の枝に絡まって、たかだか数週間で海藻のようにズタズタになります。風船はしぼんでボロボロになり、クラゲのような謎めいた物体に変身。岩や貝殻をもすべすべにする自然の力に晒されて、プラスチックは徐々に自然界のもののような形状を帯び、私たち人間の目を、そして海洋生物たちの目を欺きます。

大きな塊のままなら、お腹を空かせた動物たちにエサと間違われることもないし、クジラなどに飲み込まれる心配もありません。でも、プラスチック製品の多くは、本当にあっという間に原形を失い、海洋生物による誤食を招きます。プラスチックが完全に光分解するには、ペットボトルなら450年、モノフィラメントの釣り糸なら最低でも600年の歳月がかかります。[2] 今やプラスチックは海洋ごみの最大勢力。世界全体の海中の人為的なごみの6割から8割、水面を漂う浮遊物質の実に9割がプラスチックだと言われています。[3]

私たちは何ヵ月にも及ぶ調査活動に乗り出しました。足を延ばせる限りの海岸線をあさり回り、近隣のあらゆる浜や水域を踏破しました。大雨が降るたびに、新たなストローや、パン袋のクリップ、タバコのライターが姿を現し、河口、そして海へと流されていきます。私たちはそれらすべてのごみをビデオと写真で記録しました。種類、場所、日付を表にまとめ、位置を地図に書き込みました。データとにらめっこの日々でした。

ほとんどのプラスチックは、雨水や下水を介して川や海に運ばれます。毎年900万トン近いプラスチックが海に流れ込んでおり、このまま行けば、2050年には、重量比で海中に魚よりもプラスチックの方が多くなると言われています。[4] もはやプラスチックが存在しない海岸はありません。プラスチックがない清流もほぼ皆無。土にさえ、プラスチックが入り込んでいます。〝オーガニックな菜園〟でも同じこと。市販のオーガニック堆肥にもちぎれたレジ袋などのマイクロプラスチックが紛れ込んでいるのですから。プラスチック問題はきわめて深刻です。

マイクロプラスチック汚染の研究者ジョエル・ベーカー博士によれば、既に次のような事実が判明しています。[5]

その1.

歯みがき粉やスクラブ洗顔剤に含まれるマイクロビーズや、化粧品のラメも、マイクロプラスチックの発生源であることがわかってきた。[6] いずれも海中の食物連鎖に長期的な脅威を及ぼす可能性がある。プラスチックごみは世界全体で少なくとも800種の生物に影響を与え、ウミガメの半数、海鳥の種の60%が影響を受け、[7] 毎年10万匹もの海洋ほ乳類が死に追いやられている。[8]

その2.

海中を漂うプラスチックは、DDTやPCBなどの残留性有機汚染物質を引き寄せ、それらの有害物質を吸着した状態で生物の体内に取り込まれ、生物濃縮する。[9] つまり、プラスチックは単に浮遊するのみならず、周囲の汚染化学物質を磁石のように吸着する。海鳥のお腹や、私たちが食べる魚や貝の中からも、プラスチックに吸着された化学物質が検出されている。[10]

世界は今、一部の科学者が「プラスチックの時代」と呼ぶほどの危機に直面しています。何しろ、私たちは過去13年に、それまでの100年と同じ量のプラスチックを作り出しているのです。一体どんな量でしょうか？　ある記事の表現を借りれば、「1950年以降、ゾウ10億頭に匹敵する量のプラスチックが作られた。（中略）2015年までに人類は83億トンのプラスチックを作り出し、63億トンは既にごみとなった。プラスチックごみのうち、リサイクルされたのはわずか9％。12％は焼却され、79％は埋め立て地や自然環境のただ中に集積している。このままの状況が続けば、2050年までに約120億トンものプラスチックごみが、埋立地に集積したり、海を汚染したりすることになる[11]」。

もし「ゾウ10億頭」がイメージしにくければ、「エッフェル塔82万2千本」、あるいは「シロナガスクジラ8千万頭」を思い浮かべてみましょう。これほどの量のプラスチックを、人類は2015年までに作り出し、その大部分は既にごみとなっているのです。

クリーンな解決法

さて、地元の海岸にどれほど多くのプラスチックが打ち上げられているかを痛感した私たちは、地域の意識啓発に力を注ぐことにしました。学校に出向いてごみを分析し、どうすれば学校や家でごみを減らせるのか、子どもたちに理解してもらおうと考えたのです。海岸清掃に参加してもらったら、最初はみんな、

「プラスチックなんて本当に落ちてるの？」

と半信半疑。でも、ある子は海藻のかたまりを手の平に乗せ、それが実は緑色の藻が貼りついたレジ袋だったことに気づき、あやうく落としそうになりました。別の子たちも、昆布の茎だと思った2メートル弱の長細い物体が塩ビ管だったと知り、びっくり仰天！　ムール貝のような黒い楕円形の物体はプラスチック製の花火の残骸。小さな白い骨のようなものはタバコの吸い殻。ひょろっとした海藻のような束はストローやペンのインクカートリッジ。ペットボトルのフタはハマグリの貝殻そっくり。打ち上げられた海藻の束には風船のリボンも絡まっています。このように、学校への出前授業はものすごくやりがいがありました。でも私たちは、狭い地域での取り組みを超えて、もっと活動を広げる必要があると感じました。

　問題の答えを見つけ出すか、あるいは自分たち自身が解決策の一部とならなければ――そう考えた私たちは、問題の根本、つまり「消費」に切り込むことにしました。いちばんの解決法は「プラスチックをそもそも買わない」ことだからです。さっそく取り組み始め、わずか数ヵ月で買い物のゼロウェイストをほぼクリアするところまで行きました。

　でも、海洋汚染や土の汚染は、実はプラスチック問題の一部に過ぎません。もうひとつの問題は「温室効果ガスの排出」。43か国の家庭の消費活動を調査した研究によると[12]、地球上の温室効果ガスの排出の60％は、私たち消費者に起因しています。しかも、消費者に起因する環境負荷の実に80％は、自家用車のガソリンや自宅のエアコンなどの「直接的な負荷」ではなく、私たちが買う商品の製造などに由来する「二次的な負荷」です。

　そう、求めていた答えはここにありました。つまり、買い物を減らせば、私たちは総体としてのカーボンフットプリントを大幅に減らすことができるのです。2014年、アメリカとカナダの1人あたりの二酸化炭素排出量は年間16・4トン。[13] これは1人年間8トンもの石炭を燃やしているのと同じこと。[14] そして、私たちは買い物を減らすことによって、環境負荷を2つの面で減らすことができるのです。まず、その商品が市場に並ぶまでの製造や輸送にかかるカーボンフットプリント。そして、その商品が最終的にごみとして埋め立てられたり、海に流れ出したりすることも避けられます。

気候変動の専門家たちはこう警告しています。「温暖化を1・5℃以内に抑えるには、2030年までに二酸化炭素排出量が45％削減される必要がある。[15]」これを超えると、わずか0・5℃の温暖化でも、干ばつや洪水のほか、熱波、ハリケーン、山火事など極端現象のリスクが著しく悪化し、数億人が貧困に陥ると予測されています。本当に恐るべき現状です。

そんな中、問題の解決に向けて、ひとつ簡単にできるのが「消費を減らすこと」。それは、この環境危機の回避のために私たちみんなが実行できる、おそらくはもっともパワフルなアクションです。「買わない暮らし」をライフスタイルに取り入れれば、確実にメリットを生み出せるのです。

消費の心理

たしかに、「買わない暮らし」は（少なくとも最初のうちは）簡単ではありません。私たち人間は、「買う」という行為とほとんど不可分であるように思えるほど。でも、モノを手放すのは一体なぜこんなに大変なんでしょう？　めったに使わないものや、もう必要なくなったようなものでさえ、容易には手放せない。なぜ、必要とするレベルを超えてまで、私たちは「もっと手に入れたい」と駆り立てられてしまうのでしょうか？　私たちの物欲には一体どんな隠れた力が働いているのでしょう？

戦略的で巧妙なターゲティング広告の数々。ソーシャルメディアが日々映し出す、美しく整った所有物や、ほとんど完璧に見える暮らしの写真。これらが私たちの消費を刺激する一因となっていることは言うまでもありません。でも、もっと深い作用も働いている気がします。人はどうやら自分のアイデンティティの即物的なシンボルとして、さらに、この宇宙に存在する自らの価値や意義の証しとして、モノを見ているようなのです。そこにあるのはほとんど「我持つ、故に我あり」とも言うべき論理――。多くの心理学者が人とモノとの関係性を分析しています。

人間は、マーケティングの影響を受ける年令になる遥か以前、わずか2、3才になる頃には、既に所有への強い執着を示すそうです。たとえば、赤ちゃんがおもちゃを取り合ったり、大切なぬいぐるみに深い愛着を示したり。はたまた、中高生が自己肯定感の不足をモノで埋め合わせたり、所有物によって意識的にアイデンティティを形成したり。大人になっても、モノは自己イメージを左右するものとして、さらに、人生の大切な出来事や節目、そして愛する人たちの記憶を刻む存在として、より一層重要性を高めます。年老いてなお、モノは遠く過ぎし頃や、亡くなった人の形見として私たちに寄り添い続けます。脳をスキャンすると、人の自己イメージを司る領野は、所有物について考える際にも活性化することがわかるそうです[16]。

このように、モノの所有はいとも複雑かつ重要な心理的意味を孕んでおり、なおかつモノはいくらでも手に入れることができるので、私たちの家は結果的にモノであふれ返ることになります。これはもちろん、地球環境にとっても、また私たち自身にとっても、健全ではありません。

モノの洪水

モノをため込むのは本当に簡単です。もはや家に入りきらず、トランクルームなどの貸し倉庫を借りる人も年々増加。今やアメリカには少なくとも4万5千か所の貸し倉庫施設があり、人口の9・4%が利用していると言われます。20年前にはその数は半分でした。[17]（訳注：日本は2017年時点で「屋内型トランクルームサービス普及率は0・3%で、先進国の中では低い水準である」という調査結果があります[18]）

2001年から2005年にかけて、UCLAの考古学者チームがロサンゼルスの中産階級の共働き世帯32家族の「物質文化」を調査するというユニークな研究を実施しました。[19] 対象世帯の家の中を、7才以上の家族ひとりひとりに案内してもらい、すべての部屋にあるものを漏れなく記録していくというもの。位置を記録し、写真を撮り、数を数えて……と膨大な作業です。見えるものはひとつ残らず対象とされ、撮影した写真は2万枚以上に及びました。

ある家庭では、2つの寝室とリビングだけで、2260個の持ち物が確認されました。しかも、この数には「引き出しや箱やキャビネットに押し込まれたもの」や、「何かの後ろに隠れていたもの」は含まれません。所有物のうち、相当数がプラスチック製であり、これが**「各家庭に平均30万個のモノがある」**という結果の一因となっています。おもしろいことに、冷蔵庫に貼りついているマグネットの数と、家全体のモノの量との間には相関関係が見られたそうです。

調査チームのリーダーであるアーノルド博士はインタビューでこう述べています。

「今、アメリカの家庭は歴史上のどんな社会よりも多くのモノを所有しています。過剰消費は家の至るところに見られます。ガレージ、書斎の隅、時にはリビングや寝室の隅、台所、ダイニングテーブルの上、そしてシャワー室の中。本当に、驚くほどたくさんのモノがあって、いくつかの家庭ではそれが住人――特に母親――に相当なストレスを与えている様子が見て取れました[20]」。

対象世帯の女性のストレス反応を示す「コルチゾール」（副腎皮質ホルモンの一種）は、非常に高い値だったそうです。また、どの家庭も持ち物を「増やす」ための決まり事や習慣はいろいろあるのに、「減らす／手放す」ためのルールはほぼ皆無だったとのこと。広告会社は私たちの購買意欲を絶えず刺激します。そして、モノはより安価に、より効率的に大量生産できるようになったので、お店にもモノがたっぷり。しかも買い物は手軽になる一方とあって、私たちはかつてないほど多くのモノをため込んでしまっています。

「買わない暮らし」の思いがけないよろこび

このように、買い物の手軽さや、その他様々な要素がこの過剰消費につながっていることは明らかです。でも、私たちの強迫的な物欲の裏には、単に社会的な地位や富を求める以上のもっと根源的な何か――企業マーケティングなどよりも遥かに古来の何か――が存在するように思います。それはたぶん、モノを通して「ストーリーを分かち合いたい」という人類共通の思いです。

プラスチックについて調べていた頃、私たちは当時ニューヨーク大の学生だったマックス・リボワロンが立ち上げた「モノのエスノグラフィー・プロジェクト」に出会いました。人と、所有物と、その歴史の関係を探るこのプロジェクト。そこにあるのは、ごく普通の人々が提供した「持ち物」と、それにまつわる「ストーリー」です。ほしい人はそれをもらい受けることができるのですが、その際には必ず、そこに新たなストーリーを残していくことが求められます。[21]

このプロジェクトには目を開かされました。ストーリーが人々をつなぐ橋渡しをするのです。ストーリーの共有によって、人々が結ばれ、ある種の集合的なアイデンティティが生まれ、そこにひとりひとりの存在価値が浮かび上がります。そして、人と人のつながりが弱まると、今度はモノがストーリーの「容れ物」となって、私たちの存在価値をつなぎとめるのです。これこそは現代社会の姿ではないでしょうか？　みんなが孤立を深めているからこそ、私たちはきっと、管理できる以上のモノをため込み、こんなにもモノが手放せずにいるのです。

周囲の人とつながり、モノとストーリーを切り離さずに分かち合えば、モノを手放すプロセスはもっと意味深いものとなるはずです。人間本来の普遍的な集合意識も戻ってくるはず。人々は歴史の中で、助け合い、限られた資源を分かち合うことで、困難な時を生き延びてきました。贈与や共有を通じて互いに支え合いたいという欲求は、今なお様々な形で息づいています。先住民族たちのギフト文化はもちろん、どんな文化においても、干ばつ、ハリケーン、地滑りなど自然災害が起こるたびに、人々はすぐさま団結します。

いい人生は、外的な目標と内的な目標の両方によって達成されます。だれもが物質的に豊かな暮らしを夢見ている――これは外的な目標です。でも、人としての成長や、他者との結びつき、安心感、価値ある人間であるという実感、コミュニティの形成といった内的な目標も、やはりとてつもなく大きいはず。外的な目標と内的な目標は相容れない関係ではありません。実際、「買わない暮らし」はその両方をかなえてくれます。贈り、受け取り、分かち合うことで、私たちは望みの品（＝外的な目標）を手に入れつつ、地域コミュニティとのつながり（＝内的な目標）を強めることもできます。

各地の「買わないグループ」の様子を見ていると、参加者たちは、たしかに最初のうちは外的なメリットを喜んでいますが、そこに内的なメリットがあるからこそ参加を続けていることがわかります。もしかすると、内的なメリットの方が、単に「モノを手に入れる」という外的な意味以上に大きいのかもしれません。数々の研究が明らかにしているとおり、外的な目標よりも内的な目標を大切にすることで、人は活力や充足感が高まり、抑うつや不安が低下するのです[22]。

参加者たちが味わうのは、単に新しいつながりや、社会的なムーブメントに参加するよろこびだけにとどまりません。参加者の中には、買い物依存や買いだめ、あるいは自意識が邪魔して人からモノをもらえないなど、根深い習性や癖を隠し持っている人がいます。これらは「買わない暮らし」の根幹に関わる部分です。自身の消費の裏にあるこれらの隠れたメカニズムを理解することで、私たちはより深い自分の欲求に気づき、それを満たすことができます。

習性を崩す、特に買い物中毒のような癖を脱することは、人生でもっとも難しい挑戦のひとつ。それが「買わない暮らし」のいちばんの難所だと感じる人もいるでしょう。でも、モノを買わないからと言って、モノを手に入れることをあきらめる必要はありません。ギフトエコノミーは、みんながゆずり合う様々なモノでいっぱい。ゆずり合いが増えれば、全体の消費は減り、それによってお金も節約でき、家もすっきり。しかも、プラスチックによる海洋汚染も防止でき、温室効果ガスも減る。これらすべてが一気に実現します。

この本はこうした様々な点に気づくための〝扉〟です。本書のステップに取り組むことで、きっと予想もしない学びや、自分自身についての新たな洞察が得られるはず。その過程では、自分の隠れた欲求や不健全な癖と向き合ったり、人からモノをゆずってもらう気まずさに対処するなど、時に居心地悪く感じられる瞬間も出てくるかもしれません。でも、その甲斐はきっとあります。「買わない暮らし」をはじめることで、きっと毎日がより健全で軽やかになりますし（もちろん銀行口座の残高も！）、失われていたシェアリングの営みが蘇ることで、コミュニティの活力も強まっていくはずです。

……少し先走りすぎたかもしれません。まずは「買い物を意識的に減らす」ところからスタートです。モノに対する自分自身の感情や、「なぜこんなにも買うのか？」に向き合っていきましょう。さあ、私たちと一緒に、「買わない暮らし」の7つのステップをはじめてみてください！

「買わない暮らし」への招待

「買わない暮らし」の7つのステップ

それでは私たちと一緒に実験をはじめていきましょう。この本は、考え方と行動を変えるためのガイドブックです。近くの店に買い物に走るときも、友だちの誕生祝いの品を注文するときも、洋服だんすのごちゃごちゃを何とかしようとするときも、この本があれば大丈夫。お店に頼らず、ごみを減らし、お金をかけず、クリエイティブにニーズを満たす方法がわかります。

貯金は増え、新しい友人ができ、ほしいものは手に入り、不用品も処分できる（しかもごみ処理場に送ることもなし！）。それだけではありません。周囲の世界や人とのつながりから見えてくる学びやよろこびの大きさにきっと驚かされるはずです。本書はすべての人のためのガイドブックです。どんな場所に住んでいても、お金持ちであってもなくても、ギフトエコノミーは万人に開かれています。なぜなら私たちはだれでも人間本来の「ゆずる心」を備えているはずだから。

できる範囲で、なるべく長く、モノを買わずに過ごしてみましょう。まずは1週間。きっと結果にびっくりしますよ。中には「いつの間にか1年続けてしまった！」という人もいます。長期間続けられた人たちを見ていると、みんな共通項があります。まず、工夫が上手。そして、他者としっかりつながり、マーケティングのワナを健全に見据えています。そこにあるのは「何不自由ないゆたかな暮らし」。買わないからと言って、物質的な不足はありません。モノを自分ひとりで「購入＝専有」せず、コミュニティの力に頼るので、家族、友人、隣人たちとの関係性にも大切な意味が生まれます。

いちばんの秘訣は仲間をつくること。だれかを誘って一緒に取り組み、電話やメールで連絡を取り合いましょう。1週間に一度、一緒にコーヒーを飲むのもいいですね。公式サイト（https://www.buynothinggeteverything.com/）の電子掲示板（英語）もぜひ利用してください。一緒に取り組む仲間の存在は、インスピレーションの面でも、風通しの面でも（ガス抜きなど!）、とても重要です。近所に住んでいなくても大丈夫。大切なのは「一緒に取り組むこと」。

「1人で取り組む方がいい」という人には、日記をつけることをおすすめします。チャレンジでうまくいったこと、思い出、感じたこと、アイディア。それらを順に記録してみてください。各コーナーの最後には「やってみましょう」のコーナーを設けています。1人で取り組む場合でも、仲間と取り組む場合でも、結果を振り返ることで変化がしっかり定着し、広がっていくはずです。

「まだまだできる」という人は、ぜひ267ページの「ごみを見つめなおす」にもチャレンジしてみてください。これまで捨てていたものを見つめなおし、様々な形で生かすアイディアを紹介しています。

ルール

ルールはシンプルです。できる範囲で、なるべく長く、何も買わないようにするだけ。

ただし、このあとに挙げる「買ってもいいもの」は除外して大丈夫です。7つのステップは次のとおり。

ステップ1. ゆずる

みなさんに合ったやり方を見つけられるよう、様々なゆずり方を見ていきましょう。

ステップ2. 受け取る

モノをお金に換算せず、すべてを等しい価値と見なせば、立場の違いは一切なし。だれもが平等です。人に尋ね、ゆずってもらうことは、健全なギフトエコノミーに欠かせません。

ステップ3. リユース&リフューズ

日用品を買わずに済ませるための様々なヒントや工夫を紹介します。

ステップ4. 考える

「買いたい」という気持ちの裏に隠れた欲求を探ります。条件反射的な買い物を避け、買い物以外の方法で必要なものを手に入れられるようにしていきましょう。

ステップ5. つくる&なおす

内なる創造性を引き出しましょう。そして、ごみや無駄を減らし、買い替える前にあらゆるものをなおせる自信を身につけます。

ステップ6. 分かち合う&貸す&借りる

クリエイティブなアイディアのヒントをいろいろ紹介します。

ステップ7. 感謝する

感謝の気持ちを伝えることで、みんながつながり、さらなるゆずり合いが生まれます。

例外……買ってもいいもの

きっとみなさん気になっていることでしょう――「食べ物はどうすれば？」「生活必需品はどうすれば？」どうかご心配なく。以下のものは買っても大丈夫です。中には「買った方がいいもの」だってあります。

- 1．**食べ物・外食**（できるだけ地元産のもの）
- 2．**家賃・光熱費**
- 3．**交通費**（バス代・電車賃・ガソリン・自動車保険・車検など）
- 4．**薬・洗面・衛生用品**（家族やペットの分を含む）
- 5．**教育**（教材、学費、学校行事、習い事など）
- 6．**切手・郵送費**（ただし、梱包材はダメ）
- 7．**寄付・献金**
- 8．**各種体験のための入場券やイベント参加費**（美術館、コンサート、プール、動物園、国立公園、キャンプ場など）
- 9．**アート・文化・学問の振興費**（アート、本、音楽のCDやダウンロードなど）

「買わない暮らし」のチャレンジには二重の目的があります。まずは、周囲のコミュニティとつながって（あるいは新しいコミュニティをつくり出して）、ほしいものをゆずってもらい、不要なものを手放すこと。同時に、自分の「ほしいもの」を見つめなおすこと。たとえば、その新しいプラスチック製のコートハンガー、本当に必要ですか？――近所のだれかが不用なハンガーを人にゆずりたいと思っているかもしれませんよ。そのテントも、本当に買う必要がありますか？――職場の同僚がよろこんで貸してくれるかもしれません。あなたの自転車に必要なのは、買い替え？　それとも修理？「ないと困るもの」も、実はなくても平気かもしれません。あるいは財布のふたも開けずにクリエイティブに手に入れたり、修理したりする方法が見つかるかもしれません。

つくる、なおす、借りる、手伝ってもらう、ゆずってもらう——これらはどれもコミュニティの一員として役割を果たすことにほかなりません。人間は人とつながらずにはいられない生き物です。人類はそうすることによって、これまでの歴史のほとんどを生き延びてきました。ということはつまり、私たちが「いま」を生き延びる上でも、「買わない暮らし」の実践は当然必要なはず。しかも、現代ならではのテクノロジーを活用し、あふれるほどのモノを生かすことだってできるはずなのです。

ステップ1「ゆずる」

買わない暮らしの最初のステップは、「ゆずる」。ある意味、とてもシンプルで自然な行為です。人間は本来的に、ゆずり、与え、贈ります。たとえば、母親はその体で赤ん坊に命を与え、母乳で育てます。何もできない新生児のころ、だれかが世話してくれていなければ、私たちは今、だれ1人ここにはいないはず。

でも、人生で最も非力なこの時期が過ぎてしまうと、事態は一気に複雑化します。特にこの資本主義社会では、私たちはひとたびよちよち歩きをはじめたら、人に頼らず、自分のことは自分でするよう促されます。思春期を過ぎれば、今度は自分の労働や持ち物を売って、対価を得ることを発見します。そしていつの間にか、自分の才能も、所有物も、経験も、お金に換算することなしには本当の価値がわからなくなってしまう――。

このステップでは「ゆずる／贈る」を通して、周囲の人たちと助け合う／頼り合う関係をつくり出す実験をしてみましょう。「ゆずる」の本質を探るには、過去を振り返る必要があります。買わない暮らしの着想や学びの一部は、実は会ったこともない大昔の人々の知恵から得ているのです。

ヒマラヤの教え

この10年間、リーズルは毎夏、家族でネパールとチベットの国境地帯を訪れています。行き先は標高4千メートルのヒマラヤの洞窟。古代に掘られ、これまで人がほとんど足を踏み入れたことのない絶壁の洞窟群です。リーズルの夫ピート・アサンズは登山家。リーズルも同行し、様々な分野の一線級の研究者たちとともに、専門機関の協力も得て、この秘境におそらくは数百年ぶりに分け入った最初の人間のひとりとなりました。チームは洞窟の中身を調べ、見つかった骨のDNAを分析し、一体だれがこの洞窟を作ったのか、なぜ彼らは地球上もっとも過酷な場所に生き、そして死に絶えたのか、謎の解明に挑みました。

ムスタン王国周辺の洞窟からは、1450年前のコミュニティの埋葬室が見つかりました。生活にもっとも不向きな高地に、400年以上にわたって細々と住み続けた人々。骨の状態を見ると、これほど過酷な環境にも関わらず、彼らが比較的健康な暮らしをしていた様子が窺えます。だからこそ、これほど困難な中で文化の跡を残し得たわけですが、埋蔵品や儀式的な埋葬の形からは、彼らが互いに支え合い、頼り合っていたこと、そして、極東の絹、西や南の金属やビーズなど、様々な交易を繰り広げていたことが読み取れます。

その生活様式は、800メートルほど離れたサムゾンというネパールの小さな村の生活様式に近いものだったと考えられています。いちばん近い〝道〟から、峠を越え、谷を越えて、4時間も歩き続けなければ、その牧歌的な谷間にはたどり着けません。村人たちは、今も必需品のほとんどを物々交換によって手に入れています。交換に使うのは、貴重な財であるヤギ。村全体で支え合い、土地に負荷をかけずに暮らすことが意識されています。経済的な格差はほとんどなく、貨幣もあまり介在しない。そこにあるのは、現代におけるほぼ完全なギフトエコノミーの姿です。

この小さな村から多くのインスピレーションを受けたことが、買わない暮らしのギフトエコノミーの試みにつながりました。西洋の資本主義社会とは対照的に、真のギフトエコノミーにおいては、メンバーたちが「ゆずる側」と「もらう側」の両方の役割を果たすことが欠かせないことをリーズルは実地で学んだのです。

リーズルの話

標高4000メートル。草ひとつないサムゾンの原野の縁に、8張のテントが並んでいます。「ヒマラヤの雨陰（ういん）」として知られる茶色い乾燥地帯に、場違いに立つ黄色いナイロンのテント。夫とふたりの子どもたち、そして私は、テントから大きな旅行かばん5つ分の冬物の服を引きずり出しました。今シーズンもまた発掘作業に協力してもらうことへのお礼として、村の人々にあたたかい服をプレゼントするのです。子ども服の山、男物の上着やブーツの山、さらに女物のセーターやサングラス……。服を種類別に分けていると、村中の人たちが集まってきて、作業を手伝ってくれました。

そこへ村のリーダーである40代の女性が近寄ってきて、じっと覗き込み、丁寧にこう言ったのです。「村には17の家族があるので、服は17の山に均等に分けてください。すべての山に大人の服と子どもの服を同じ量入れます」。ゆっくりと、私は英語で――ネパール語では通じにくいので――こう答えました。「ええ、そうですね。でも、68歳の女性ひとりの家もありますよね」。私は手を伸ばして、68歳の女性の山からベビー服を取り除き、代わりに大人の服を足そうとしました。たぶんリーダーの女性は私の言った英語の意味がよく理解できなかったのだろうと、よく外国人がやるように、大げさに身ぶりを交えました。子どもたちは困った顔をして見ています。

でも、リーダーの女性は完全に理解していたのです。何もわかっていない私に少し笑いを堪えつつ、彼女は優雅にこう説明しました。「お年寄りにも子どもの服を渡せば、お年寄りはそれをゆずることができます。すべての家族が同じものを受け取ることで、みんなが「ゆずる側」と「もらう側」に立つことができる。それによって村は健全に保たれます」。

村のギフトエコノミーでは、すべての家族が同じ量の資本を与えられます。そして、自分にとって必要のないものを、必要とする別の家族にゆずり渡す力を平等に得るのです。そのため、68歳の女性にとって、赤ちゃん用のちっぽけな靴下は、大人用の雪用ブーツと同じくらい有用となります。時が来れば、彼女はその靴下を新しく赤ちゃんの生まれた家庭にゆずり、その家族とのきずなを深めます。一方、既に子どもが成人した50歳の女性は、万華鏡を受け取り、「これで村の子どもたちともっと遊べる」と大よろこび。足の小さな若者も、Lサイズのハイキングブーツを喜んで受け取り、サイズの合う人にゆずり渡すつもりでいます。

ネパールの村では、みんなが大切にされ、気にかけてもらい、それぞれ生き生きと役割を果たしています。誰ひとり空腹になることはありません。医者がいないので、みんながお互いの健康状態に気を配っています。村人の中には、羊とヤギの毛を固く編んで膝丈のブーツをこしらえる人もいるし、肉の解体ができる人もいます。病院からもデパートからもインターネットからも何光年も離れているような隔絶された地にあって、これらの専門技能は、村の全住民の安定した日々の暮らしに欠かすことができません。

このヒマラヤの村で得た気づきは、私たちの思考に劇的な変化をもたらしました。社会的な立場や経済状況に関係なく、ひとりひとりのメンバーがそれぞれ大きな役割を担うギフトエコノミー。これはすごい、と私たちは思いました。「私たちも同じことをやってみたい」。でも「果たしてうまくいくのか？」

世界にはいろいろなギフトエコノミーや贈与文化が手つかずに残っています。たとえば、カナダ先住民のファースト・ネーション。ユダヤ人にはgemachという無利子の貸付や日用品を貸し出す文化があるし、アメリカにもベビー服や子ども服をおさがりとしてゆずり渡す伝統があります。こうした支え合いの経済は大昔から様々な形で存在しているのに、私たちの多くは、そうした伝統的な営みに触れたこともなければ、そうと認識したこともない。ローカルなきずなの上に成り立つシェアリングのエコノミーには、実はものすごい力があるのです。

今の社会には、インターネット上のソーシャルネットワーキングサービスはあるのに、サムゾンの村のような現実社会のソーシャルネットワークは希薄です。私たちの生活は、何でもかんでも自己完結して生き延びようとする世捨て人のよう。家には自分しか使わないアイテムがあふれ返っています。「自分たちの住むコミュニティにも、支え合いのネットワークを持ち込みたい」——そう思った私たちですが、果たしてそんなことは可能なのでしょうか？

「ゆずれるものがある」ことの価値

ギフトエコノミーのパワーに気づくには、必ずしも世界を半周したり、山岳地帯をトレッキングしたりする必要はありません。

リーズルがヒマラヤの山の上にいた頃、レベッカは海抜近くの島にいて、子どもたちとともにまるで違う日々を過ごしていました。不況下にいきなり「無職のシングルマザー」となったレベッカ。安定収入もないまま、とにかく3人家族が食べていけるよう、着る服があるよう、踏ん張らなければなりません。低所得者向けの食費補助には申し込みましたが、それだけではフレッシュな野菜や果物までは手が回りません。食べることさえままならない（＝多くのシングルマザーとその子どもたちが陥っている苦境です）——その現実にレベッカは打ちのめされました。ほぼ一夜にして、尊厳や自己肯定感までもが崩れ去り、比較的裕福な界隈のただ中で、レベッカは孤立感を深めました。

レベッカの話

シングルマザーとなって最初の数年は、困難の連続でフラフラでした。パートナーがいた頃も、5歳と3歳の母としての日々はハードでした。それをひとりで育てるとなると、二歩目にはもう容量オーバー。そして三歩目。新しい暮らしはほどなく、不安と、責任を果たせない自分の無能さが片時も消えない日々となりました。

車のガソリンを節約したり、食費をできるだけきりつめたり、いろいろ工夫する中ですぐに気づいたのは、歩いてたのしめることや無料の食べ物がなければやっていけないということ。そして、わびしい最初の冬が過ぎる頃、近所の山の散歩道を歩いていて、ふと砂利の間から自生のハルザキヤマガラシが顔を出しているのを見つけたのです。普通は雑草として見向きもされない草ですが、この地域では春いちばんに土から芽吹く野生の味。ルッコラにも似た新鮮な風味が特徴です。私は娘たちにそっと引き抜くよう教え、緑の葉を傷めないように収獲しました。

コートのポケットいっぱいに持ち帰り、数週間ぶりに新鮮な野菜のある夕食にありついた私たち。自分で手に入れたサラダに、私たちはみじめさや空腹を忘れ、たしかな達成感と健康の実感を得たのでした。

きっと、私が求めていたのは野菜の栄養以上のものだったのです。それは、「自分にもまだ人に差し出せるものがある」という手ごたえ。子どもに新鮮な野菜を買ってあげられるお金はなかったけれど、「どうやって野菜を見つけるか」を教えられる知識はあった。たとえプレゼントを買うお金はなくても、私にはゆずれるものがあったのです。

請求書の支払いが滞り、補助金なしには子どもを満足に食べさせることもできない。そんな中、私は自分が無価値な人間になったような気持ちに苛まれていました。そんなはずはないと頭では理解していても（それは経済的に困窮しているすべての人について言えることです）、耳の中でネガティブな呪文がエンドレスに鳴り響くのを抑えることはできませんでした。ギフトエコノミーを立ち上げたいという私の強い思い。それは、自分や自分と同じような境遇にある人たちにもっと力を与えたい、そして、自分たちがお金以外の部分でどれほどゆたかな存在となれるかを知ってほしいという思いからはじまりました。私は「もらう」だけでなく「ゆずり」たかった。そうすることで、コミュニティの一員として暮らす自信を取り戻したかったのです。

リーズルといちばん最初に立ち上げたギフトエコノミーは、私にとって、おままごとではありませんでした。私はそれで家族を養った。そして何より、1人の人間としての自分を取り戻したのです——何かを「ほしい」と願うことのできる、そして人の願いをかなえる力もある、1人の個人としての自分を。ゆたかさの形はいろいろです。物理的なモノを差し出せる人もいれば、時間や知識、そして自分自身の〝技〟を差し出せる人もいる。人のゆたかさは、食べられる雑草を人に教えたり、1枚のピザを分かち合うような中にだってあるのです。ギフトエコノミーはそれらすべてを等しい価値として捉えます。

「ゆずる」経済

現代の資本主義と市場経済では、「持てる者」と「持たざる者」とがくっきりと分かれています。モノは何よりも市場価値で量られ、お金に余裕のある人ほど簡単にモノを買うことができる。その結果、財産やステータスを増やし、新品やぜいたく品を買うことに大きな社会的価値が置かれ、逆に、セカンドハンドには「貧乏くさい」「社会的ステータスが低い」というイメージがついて回ります。経済的に困窮していると、「貧乏は恥ずかしい／隠さなければ」という社会的メッセージを集中砲火のように浴び、私たちはいつしか、「富裕層のみが与え」、「貧困層はもらってばかり」と思い込んでしまうのです。

社会とのつながりも、かつてのように家や近所を中心に形作られていません。多くの人が、仕事、学校、ジムなど、家以外の「第三の場所」にソーシャルネットワークを築き、隣り近所に住む人の顔も知らずに生活しています。だれもがプライバシーを求めています。あるいは、人とのつながりはほしくても、自分から関係をつくるのは不安だったり、居心地が悪かったりするのかもしれません。

みんながモノをほしがっているのに、そして、だれもがゆずることも受け取ることもでき、しかもそうしたいと願っているはずなのに、それが個人レベルでシステマティックに行われることはありません。その結果、モノは無駄に消費され、私たちは銀行口座も天然資源も擦り減らしています。本当はみんなで分かち合えるはずなのに、単に個人が専有するだけのモノがどの地区にも山ほどある。50軒の家があれば、きっとそこには50セット近い工具箱と、ベビーシートとチャイルドシート、あらゆる年齢の子ども用のおもちゃ、料理本一式、家具、キャンプ用品などがすべてそろっているはず。このあり余る所有物をみんなで分かち合うような慣習は私たちの文化には存在しないので、結果、どの家の中も、ありとあらゆる個人使用の品であふれ返ります。どれも、「夢の品」と広告にあおられ、「万が一」のために持っておかねばと思い込んだものばかり。

もしみんなが別々に買うのをやめて、もっと分かち合うようにしたらどうなるでしょう？「買わないプロジェクト」を立ち上げた最初の願いは、もっとシェアリングを進めることでコミュニティ全体の消費を減らし、それでもなお日常生活が不足なく回ること。ひとりひとりが親切にゆずり、優雅に受け取ることで、みんながお互いを信頼し、平等な立ち位置で分かち合えること。そして何より、心配しなくても、全員に行き渡るだけのモノや道具、そして親切な心が存在しているのだから大丈夫と、みんなが安心できること。

サムゾンの村は、あらゆる市場から遠く離れているため、新しい品物があまり多く流入しません。必要に迫られ、村人たちはより大地に寄り添って、互いに支え合う形で暮らしています。持ち物の管理や手入れに割く時間は少なく、ひとたび村に入り込んできた品物は、これ以上どんな形に作り替えても使いようがないという段まで、村全体の人が十全に使います。

もちろん、都市型の快適な暮らしからかけ離れた小さな村での生活には厳しさもあります。みんなで荷物をまとめてネパールへ引っ越しましょうと提案しているわけではありません。ただ、この人里離れた村から、とても現実的な学びを得ることができるのは事実です。私たちはこの理想形のギフトエコノミーのイメージが頭から離れず、これと同じものをつくってコミュニティを活性化し、有形無形さまざまな分かち合いを試してみたいと思いました。

さて、その最初のステップとなるのが「ゆずる」。これまでに各地のグループでたくさんの成功例を見てきました。ローカルなギフトエコノミーがあれば、何も買わなくても、よろこびも、服も、家具も手に入ります。壊れたものをなおすこともできるし、人を助けることもできます。モノを自分ひとりのためにしまい込まず、みんなで分かち合う新しい文化。そんな文化を、みなさんの地域の中に築いていきましょう。

ステップ1．「ゆずる」

さて、買わない暮らしを始めるにあたって、最初にしなければならないいちばん大切なことをひとつだけ選ぶとしたら、それは何でしょう？

そう、「ゆずる」。

逆のように聞こえるかもしれませんが、「買わない」ためにまずすべきことは、「ゆずる」です。ゆずり、差し出し、贈ることで、そのあと自分のほしいものが出てきたとき、格段に探しやすくなります。これまで数千のギフトエコノミーを見てきて、ひとつ学んだこと。それは、「ゆずる」というアクションはたちまちみんなを笑顔にするということ。そして、笑顔こそは、つながりやきずなをつくる基盤なのです。

人類学的には、「ゆずる」、つまり「贈与」は、人の社会的な調和をもたらす相互的な扶助関係の象徴として定義されます。もう必要のないもの、捨ててしまおうと考えていたものをだれかにゆずるというシンプルな行為を通して、私たちは環境負荷を減らし、自分自身の社会的な立ち位置をも高めることができます。**財力を誇示するような買い物は、地球にとって百害あって一利なし。むしろ、分かち合いこそを周囲に誇示しましょう。**その点、匿名の寄付は、もちろん心から賞賛されるべき行為ではありますが、必ずしもコミュニティの社会的きずなをつくり出す効果はありません。

買わないプロジェクトの最初のグループの立ち上げにはフェイスブックを使いました。理由は簡単。みんなが使っていたからです。また、「共通の友達」が表示され、すべてのやり取りをメンバー全員が見ることができます。「見える」ことで不思議なパワーが生まれ、ネット上のグループがまるでヒマラヤの村のような緊密なネットワークに変化します。そして、ネット上であっても、直接のやり取りであっても、グループ内で「ゆずる」「受け取る」「分かち合う」が日常的に行われるのを目にしていると、個々の当事者のみならず、みんなの結束が強まります。見ているだけで、集合的なよろこびのようなものがつくり出されるのです。

シェインの話

友だちに頼まれたの。「このベビーカー、だれかにゆずってくれない?」って。それでベビーカーを受け取って、しばらく運転して交差

点に差し掛かった。窓の外を見ると、2歳の男の子を連れたお母さんが歩いてる。スリングの中には赤ちゃんもいて。でも男の子が手をつないでくれないから、道を横断できずにいる。私は窓を開けて話しかけたの――「ベビーカー要ります？ 後部座席にあるんですけど……」。お母さんは「この人どこかおかしいんじゃない!?」って顔で見てるから、私はグルッと後ろを向いて、車の後ろからベビーカーを引っ張り出した。そして彼女に「買わないグループ」のことを話して、ベビーカーをあげたの。おもちゃもいくつか付けてね。で、説明したの――「いつもこんな風にしているんですよ」って。

（シェイン／ワシントン州）

シェインは、ごくありふれた日常の中、何ら奔走することなく、「その場で」「偶然に」人にゆずっています。「ゆずるなら、ちゃんとした形でないと……」なんて思う必要はないのです。特に女性は、普段からゆずる機会も多いので（きっと社会的なプレッシャーもあるでしょう）、「これ以上何をゆずるわけ？」と感じる人も多いかもしれません。でも、「買わない暮らし」はそれとは別種の感覚です。がんばってゆずるとか、あとで自分がすり減るようなタイプのゆずり方ではなく、むしろ「たっぷりあるからゆずる」。そして、ゆずることであなたの自己肯定感が高まるようなゆずり方をするのです。「何をゆずるのか」よりも、「なぜゆずるのか」の方が大事。いろいろ実験して、あなた自身の気分がよくなるようなゆずり方を見つけてみてください。方法はいろいろあります。いらなくなったものをゆずれば、家のスペースも空くし、モノにまつわる悲しい思い出や嫌な思い出も一緒に手放せて、気持ちは自由になり、未来が開けてきます。ゆずった相手がよろこんでくれたら、自分が回りの世界をより良くできるという自覚も湧いてくるはず。

日々の暮らしの中では、義務的に時間やお金やモノを差し出さないといけないように感じる場合もあるかもしれませんが、「買わない暮らし」では話は別。すべてはあなたの思いのままです。自分で「ここまで」と限度を決め、好きなものを好きなときにゆずりましょう。「何を」「だれに」「いつ」「どうやって」ゆずるのか、すべて自分で選べばよいのです。ゆずる側と受け取る側がお互いを大切な存在と捉え、値段をつけず、何の見返りも求めずに、自由にやり取りすれば、それは双方にとっていちばん心地よいやり取りになります。「買わない暮らし」を通じて、こうしたゆずり方を発見し、磨いていってください。

キティヤの話

今日は少し趣向の違うものを差し上げます。この瓶、見たところは空っぽですが、実は〝親切〟が入っています。「今すぐ、ほんの少しの親切が必要！」という人がいたら、どうぞ申し込んでください。にっこり笑ってもらえるような何かを入れて渡します。できれば、瓶の中の親切が効いて、次はあなたが親切を入れて、必要なだれかに回してくれたらいいな。

（キティヤ／オーストラリア）

キティヤはモノそれ自体をゆずっているわけではありません。彼女が示しているのは、純粋な想像力のパワー。彼女が投稿した瓶の写真は、グループ内に大きな反響を呼び起こしました。ゆずることの何がすばらしいって、それは本物の人間同士のやり取りだからすばらしいのです。欲求も、心配も、思いも、感情もある、生身の人間。これはインターネットショッピングの注文ではないし、遠く離れたカストマーセンターへの電話でもない。そこには何のお金も介在しません。だれも「客」ではないし、「店の人」でもない。それは「人」と「人」のやり取りであり、真に人間的な世界での創造的な分かち合いなのです。

ゆずり方

時を選ばず、いつでもゆずってみてください。「ゆずるものがない」と感じたら、まずはクローゼットや引き出し、あるいは部屋の中身を全部出してみましょう。まずは「小物入れ」がおすすめです。だって、小物入れの中身は、その名の通り、ほとんどガラクタのような小物ばかり。きちんと整理すれば、もう二度と「小物入れ」などと呼ぶことはないはずです。または、壊れていてそのままでは使えないもの。ファスナーが取れていたり、「自分ではもうなおさない」とわかっているようなものから始めてみてもいいでしょう。服は、基本的に1年間着ていないものはゆずりましょう。使いこなせない道具類も人へ。賞味期限を大幅に過ぎた食べ物はコンポストに（またはコンポストしている人や、ニワトリを飼っている人に）。子どものおもちゃは、2ヵ月間隠して、子どもが何も言わなければゆずっても大丈夫。これを少量ずつ繰り返します。

誓って言いますが、要らないものや使わないものを片づけると、確実に気分がよくなります。ぜひ、片づける「前」の写真を撮るようにしてください。そして、不用品をすべて専用の箱に移します（ごみ袋はやめてくださいね。ごみではないですから）。最後に、生まれ変わった美しい空間の写真を忘れずに撮って、その変化を友人にシェア。きっと箱の中身を一刻も早く処分したいところだと思いますが、この次のステップでさらに大きなよろこびが待っています。捨てずにゆずりましょう――友人に、同僚に、家族に、そして近所の人に。仕事、学校、教会、近所など、いちばんふさわしいネットワークを使って、それでも無理なら、メモをつけて家の前に置いてみます。クローゼットを片づけたら、服の交換会を開きましょう（家族の服も同様に）。友達の友達も一緒に集めて、みんなで要らない服をゆずり、新しい服を選び、たのしい数時間を過ごします。

おすすめの本

「モノが手放せない！」という方は、日本の「こんまり」こと近藤麻理恵さんの『人生がときめく片づけの魔法[1]』を片手に持ち物を整理し、ゆずるものを見つけましょう。どのTシャツがあなたに「ときめきをくれる」のか、どれが「重荷」となっているのかを見極めて、不要なものを処分する際の罪悪感を手放してください。感謝や敬意を持ってモノに向き合う彼女のメソッドは本当にすばらしいと思います。また、マルガレータ・マグヌセンの『人生は手放した数だけ豊かになる：100歳まで楽しく実

践！1日1つの〝終いじたく〟』[2]もおすすめです。「不要なのに手放せないもの」にどう別れを告げるのか。その感情を消化し、理解する助けとなるでしょう。〝家にときめきを取り戻す〟こんまりメソッドは、人にゆずれる持ち物を発見する最初のステップとなります。マグヌセンのメソッドも、自分の人生に本当に必要なものは何かを明らかにし、「過去の自分」から前進して自由になることを教えてくれます。

「買わない暮らし」がこれらのメソッドと違うのは、その次の部分です。ゆずって、暮らしにマジックをもたらしましょう。クローゼットや棚や引き出しから出てきた不用品を決して捨てないこと！　慈善団体への寄付も性急にすべきではありません。片づけブームで寄付が増加し、慈善団体の許容量を超え、結局はごみ処理場行きとなっているという話もあります。私たちは自分自身の力で、不用品を町の共有財産に変え、有効利用してもらうことができます。

中には、「ゆずるほどいいものではないし…」とか、「だれも欲しがらなかったら…」などと心配して、ゆずるのをためらう人もいるかもしれません。その気持ち、よく分かります。新しい挑戦はいつだって居心地が悪いもの。もしあなたがそう感じているなら、その気持ちを大切に噛みしめて、「これは人との距離を縮める練習なんだ」と考えてみてください。いいですか？　みんなもらうのが大好きなんですよ。不安な気持ちはユーモアで覆い隠すのが得策。子どもが使わなくなったおもちゃは、ぜひほかの家族に有効利用してもらいましょう。しまい込んであるハーブティーも、結局は眠くもならず、やる気も出ず、ストレスも緩和されなかったわけですから、きっぱり人にゆずってしまいましょう。ろくに使わなかったエアロバイクも、素直に負けを認めて手放しましょう。鍋いっぱいのスープをつくれば、すぐに友達を作れます。ゆずるものの状態を正直に伝えれば、だれもあなたのことを悪く思いません。何かエピソードがあれば、それも一緒に伝えてください。アイテムに愛着が湧くようなストーリーは誰しもがよろこびます。

　マンハッタンに住むニーティのアパートの階下には、数年前に引っ越してきたシングルマザーがいます。息子は、ニーティの息子より数歳年下。ニーティの息子は、使わなくなった線路のおもちゃをアパートの入り口の無料コーナーに置かずに、直接その子にプレゼントすることにしました。「息子が線路の組み立て方を手取り足取り教えているのは、すごくうれしい光景でした」とニーティ。「以来すっかり親しくなって、彼女が重篤なアレルギー反応で子どもを預けなければならなくなった時も、うちを頼ってくれたほど。クリスマスツリーの飾りつけも毎年一緒にするようになりました」。

　さあ、ゆずりましょう。クリエイティブに、そして頻繁に。惜しげなく、何の見返りも期待せず、ただ純粋なよろこびとして——。あなたはもっと周囲の人と近しくなれるはずだし、そうこうするうちに、次のステップである「受け取る」の準備もいつの間にか整うはずです。

ダリアの話

　もし次の子どもが生まれたら、必要なものはすべてギフトエコノミーでゆずってもらえるという全幅の信頼がある。だからこそ、私は今、娘が使わなくなったものを片っ端から人にゆずってしまうことができます。小さくなった服や使わなくなったおもちゃはその瞬間に人にゆずります。ガレージやクローゼットや台所に眠っていたもの、キャビネットに詰め込んであったものも、食べ物だろうと何だろうと構わずゆずる。文字通り、娘の汚い洗濯物までゆずったんですよ。引っ越しの準備中だったので、荷詰めや荷ほどきをしているうちに着られなくなってしまうと思って。グループの中で信頼や支え合いを感じていることで、日々のモノの見え方がまったく変わりました。

(ダリア/「買わないプロジェクト」グローバルチームメンバー)

ギフトエコノミー、女性、貧困、富

さて、「経済(エコノミー)」という単語は、もともとギリシャ語のoikos、つまり「家庭」や「家計」を意味する言葉に由来しています。女性はこれまで市場経済の中で所有権やリーダーシップを阻害されてきましたが、実は最初の経済——つまり家計——を支えたのは、ほかならぬ女性たち。そして、「買わない暮らし」の全世界6千人のボランティアの実に95%以上は女性です。これには何の不思議もありません。結局のところ、ほとんどの家のモノの出入りを管理しているのは女性ですから。

私たちはこれまでに数十ヵ国でギフトエコノミーの立ち上げを手伝ってきました。経済レベルも、人種も、民族も、宗教も、文化も、政治も千差万別。

でも、所得水準や財政状態に関わらず、世界中のどんな地域にも、「ゆずる心」が等しくあふれていました。あまり富裕でない地域では、新たにグループを立ち上げる際、「大したギフトが出てこないのでは?」「数が足りないのでは?」といった不安がよく聞かれるのですが、それはいつだって杞憂にすぎません。ゆずるものがない地域なんてどこにもないし、ゆずる心や互いを思いやる気持ちに乏しい地域なんて本当にどこにも存在しないのです。事実、経済的に貧しい地域の方が、裕福な地域よりもギフトエコノミーが広まりやすいケースも多々見られます。もっとも価値あるギフトは、人のつながりや手助け、知識や特技の共有、時間など、いわゆる「形のないもの」。それらのギフトは、私たちのだれもが、ゆずり、受け取ることができるのです。

「ゆずる」に「間違い」という文字はありません。本書では、深い変化をスムーズに引き出すアイディアや工夫を紹介しますが、そもそも〝間違ったゆずり方〟というのは存在しない。「大きすぎる」も「小さすぎる」もなし。とにかくよく考えて、自分がどこまでゆずるのかの限度を決め、あなた自身の暮らしが良くなるような形で——そしてあなたのギフトによって周囲の人の暮らしも良くなるような形で——ゆずりましょう。

「買わない暮らし」の参加者の大半は女性ですが、女性は男性よりも寄付に積極的であるという調査結果もあります。[3] 女性は、自分のためにお金を使うよりも、人を助けることでより大きなよろこびを得る傾向があるそうです。また、富をため込むよりも、それを差し出せることをよしとする傾向もあるとのこと。[4] また、低所得層の人々は、概してより「向社会的」、つまり、自己中心性が低く、他者への共感からより多くをゆずる傾向があるとの調査結果もあります。とは言え、そうした中でも自分の「限度」は忘れないことが大切です。あなた自身や家族に経済的なダメージが生じたり、あなたのスケジュールに好まざる負荷がかかったりするようなギフトはしないこと。その日の予定にスッと入る場合だけにとどめ、ほんのわずかでも面倒と感じる時はやめましょう。ただし、「足りなくなるかも」という不安だけは不要です。いつだって「必ずみんなに行き渡るだけの量がある」と信じてください。ダリアの話にあるとおり、「こんなにたっぷりある」と心から思えていれば、ゆずるのは簡単です。今日だれかにゆずっても、また必要になったら、いつでもグループにゆずってもらえばいいのです。

ゆずる時は、いろいろな方法を試すもよし、またはいつも同じ方法にするもよし。一気に全部をゆずってもよいし、少しずつゆっくりゆずるのもよいでしょう。にぎやかに渡すのもよいし、静かに渡すのもよい。形はともあれ、単に「ゆずる」。どんな渡し方であっても、すべてのギフトは「よいギフト」なのです。

グループのつくり方

地域に既存のギフトエコノミーのグループがない場合は、自分でつくりましょう。できることはいろいろあります。

① 「つくりたい」という意思を伝え、仲間を誘う。月に一度、食べ物を持ち寄って不用品交換会を開いたり、お気に入りのカフェや集会所にポスターを貼って情報を広めたり。もちろん、メールやソーシャルメディアを利用しても。

② 職場や学校でメンバーを集め、みんなの友人

を誘ってもらう。

③ 興味のありそうな人に声をかけ、一週間に一度、公園に集まって、家に余っているものを持ち寄る。

④ ソーシャルメディアで定期的にゆずれるものやほしいものを発信する。きっとほかの人も真似したくなるはず。

⑤ 玄関脇やマンションのロビーなどに、「無料でお持ちください」の箱を置く。

⑥ 近所のカフェ、駅、集会所などに、地域の人が不用品を持ち込める「無料コーナー」を設置させてもらう。

⑦ 市民農園に余った野菜を入れるかごを置き、ほかの不用品も一緒に入れる。ほかの人も誘う。

⑧ 地元の図書館に相談し、不用品交換用の掲示板を設置させてもらう。

⑨ ファーマーズマーケットやドッグランで不用品交換会を開く。

⑩ 読書サークル、学校のPTAや地域の町内会、編み物サークルなどの集まりの最後に不用品交換の時間を設ける。

私たちの多くは、自宅周辺のことをほとんど何も知りません。毎日、どこへ行くにもそこを通っているはずなのに、みんなあまりに忙しすぎて、人とつながる余裕などないのか、あるいはスマートフォンやソーシャルメディア中毒になっているのか。もはや多くの人は、自宅周辺で過ごす時間はほぼ皆無。近所の人に連絡を取る機会もありません。代わりに手元の電子機器の中で何時間も費やし、遠く離れた人とつながって過ごす――私たちの社会インフラはバーチャルなオンラインコミュニティと化し、もはや近隣の人たちとの交流は急速に姿を消しつつあります。

とは言え、ギフトエコノミーが全盛だった過去の世界は、今も完全に失われたわけではありません。今なお、必要に迫られて、あるいは人間の社会的な営みや愛の形として、ヒマラヤの高地など様々な地域にギフトエコノミー的な文化が脈々と息づいています。でも、ギフトエコノミーは、ここ欧米を始めとする先進国にもちゃんと存在しています。しかも、それは悪名高いテクノロジーを活用することでむしろ活性化するのです。ここはぜひソーシャルメディアやスマートフォンの力を逆手に取って、私たちのために働いてもらいましょう！　やるべきことは、あなたのアカウント上にゆずれるものを投稿するだけ！

マイラの話

初日から、グループに身をまかせるつもりで、とにかく思い切りやってきた。必ず受け止めてもらえるって知っていたから。とにかく「思い切りやる」のがおすすめ。きっと想像する以上の驚きやごほうびが待っている。迷わずに、尋ね、ゆずること。それこそが人間たる証しなのだから。

（マイラ／ワシントン州）

まだ迷いがありますか？「ゆずるものがない」ような気がしますか？　信じてください。ゆずるものは山ほどあるのです。マイラの言うとおり、必ず受け止めてもらえると信じましょう。そして、あなたのアクションは周囲にインスピレーションを与え、コミュニティ全体にセーフティーネットが織りなされていくはず。ギフトエコノミーではすべてのメンバーが平等です。「ゆずる側」として、また「受け取る側」として、私たちはみな健全な全体に欠かせない一部であり、1つ1つのギフトにはすべて等しい価値があります。あなたにとって価値がないもの、「ごみ」にしか見えないような代物であっても、近所の誰かにとってはとても貴重な品物かもしれません！

技のギフト

ステフの話

私はこの町で生まれて、引っ越して、戻ってきて、また引っ越して、ハリケーンですべてを失って、またここに戻ってきた。今住んでいるコテージの中身はすべて「買わないグループ」やセカンドハンドストアで見つけたもの。そればかりか、すばらしい仲間も見つかった。最近は、グループで知り合った人を毎日欠かさず5週間、放射線治療に連れていったくらい。

（ステフ／マサチューセッツ州）

まだ安心できなければ、これを試してみてください――「何か人にしてあげられることはないか？」

これら〝技のギフト〟は、もっとも感動的で、おそらくはいちばん難易度の高いギフトです。なぜなら、それは単なる物質ではない、言わば〝あなたの人となり〟を贈るものであり、あなた自身がそこにいて、それを執り行う必要があるから。それは言うまでもなく、もっとも有意義で、もっとも持続的な効果をもたらすギフトです。とは言え、必ずしも特殊な技である必要はありません。ステフの「隣人を毎日放射線治療に連れていく」には何の専門技能も要らず、しかし効果は絶大でした。

ぜひ、少しでもいいので〝技のギフト〟を試してみましょう。あなたが簡単にできることで、ほかの人が苦労していることはないですか？　それをギフトにするのです。冷蔵庫を上手に掃除できますか？　編集作業が得意ですか？　ガーデニングが好きですか？　トラックを持っていますか？　窓を洗ったり、床にモップをかけたりできますか？　写真を撮るのが好きですか？　髪を切れますか？　料理が上手ですか？　だれかをボートに乗せてあげられますか？　自転車のパンクをなおせますか？　地域に自生するキノコに詳しいですか？　ボードゲームが好きですか？　組織のとりまとめが得意ですか？　編み物や縫い物を教えられますか？……さあ、大体のイメージは伝わったでしょうか？

ジルの話

件名：ボックスシーツのたたみ方、教えます

何か〝モノ以外のギフト〟を贈りたいと思いました。私はボックスシーツをたたむ名人です。子どもの時に母から教わって以来のキャリアです。興味のある方がいたら、図書館の部屋を予約します。

（ジル／メリーランド州）

技のギフトは、より深いつながりと、「人の役に立てた」という満足感をあなたに返してくれるでしょう。「スーパーマーケットまで車に乗せてあげる」という程度でよいのです。ぜひ一歩を踏み出して、人類最善の営みである「ゆずる」を実行しましょう！

やってみましょう――「ゆずる」

さあ、いよいよ「ゆずる」を実行に移します。以下の3種類を試してみてください。

1つ目は、簡単なお話付きのギフト。家の中にあるものを何でもよいのでひとつ選びましょう。車のトランクでゴトゴト音を立てていたものでもよし、引き出しの奥にしまい込んであったものでもよし。ストーリーはこんな感じ――「同じ計量カップが3つあります。1つで十分なので、残りの2つに新しい家を見つけてあげたいです。なぜ3つも買ってしまったのか見当もつきません。何の思い入れもないのです。だれか使ってくれる人！　お菓子でも焼きませんか？」

2つ目は、技のギフト。まずは気軽に手作りしたものを贈るだけでも十分ですが（自家製クッキーや温かいおかずは誰もがほしがります）、さらに一歩、それを〝自分ならでは〟のものにできたら素敵です。たとえば、お菓子作りが趣味なら、特別な思い出のあるレシピを選び、そのストーリーと、レシピと、できあがったお菓子をセットで贈ってみる。編み物が得意なら、リクエストに応じて何かを編んであげる。手先が器用なら、壊れたものを修理したり、何かをつくってあげる。その他、裁縫／絵／ガーデニング／朗読／元気の出る手紙やメールを書く／詩を書く／歌／一緒に散歩する／街歩きをたのしむ／素敵な公園を紹介する／美術館に行く／芝刈り／雪かき／トランプ／ペディキュア／台所の整理――。このほかにもたくさんのギフトを私たちはこの目で見てきましたよ。本当に何だってよいのです。大切なのは、あなた自身によろこびをもたらすような技のギフトを選ぶこと。疲れるものや面倒なものはダメ。何でもよいので、大好きなことをギフトにし、贈る側も受け取る側も両方がたのしくなるようなことを考えましょう。

3つ目は、あなたにとって意味のあるストーリーのあるもの。それがいい思い出なら、そのよろこびが世界に広がります。ほろ苦い思い出や、つらい思い出なら、それが新しい持ち主の手に渡り、より幸せなステージを迎えることで、その意味が変化し、新たな幸せや解決が導き出されるはず。たとえば、古いウェディングドレスをゆずれば、あなたの幸せな結婚が再び光を放つかもしれないし、あるいは、終わってしまった結婚の悲しみから何かポジティブなものが引き出されるかもしれません。私たちの家にはそんな種類の持ち物がたくさんあります。親から受け継いだ食器や家具。目にしたくない手書きの文字が刻まれた本。かつての恋人からの贈り物。大叔母さんがくれたおかしなジュエリー。ぐるりと見回して、何か人に伝えられるストーリーがあるものを探しましょう。幸せな話でも、悲しい話でも、どんなタイプの話でも大丈夫。あなたにとって意味のある、あなたの歴史に刻まれたお話でありさえすればよいのです。このギフトは2つで1セット。必ずモノとお話の両方をセットで贈りましょう。お話の伝え方は問いません。本やエッセイを書くわけではありませんから、口で伝えたり、走り書きのメモを渡したり、語り手であるあなたが居心地のよい形を選んでください。

ゆずるものが決まったら、「ゆずり方」を選びます。覚えていますね？　すべてあなたが好きに決めればよいのです。そして、あらゆるギフトはよいギフト。最初からたくさんの人に声をかけてもよいし、あなたが思う基準で、人数を絞って声をかけるのもあり。リストをつくって、「何を」「だれに」「いつ」「どこで」ゆずりたいのかを書き込めば、たちまちあなただけのギフトエコノミーのでき上がり！

バヤンの話

ささやかな勇気を持つことを学んだよ。向こう側が見えなくても、扉をノックしてみる。ギフトエコノミーは、人のよい部分を引き出す気がする。みんな同じ人間だからね。

（バヤン／カナダ）

ステップ2「受け取る」

ほとんどの人は、ほしいものをなかなか口に出せません。一体なぜでしょう？　自立をもてはやす社会では、弱みを見せることは失敗を晒すこと――みんながそう思い込んでしまっています。そう、しっかり自己実現できていれば、ほかの人の助けなんて要らないはずですから！　だれもが必要なものを何でも手に入れられるゆたかさを渇望し、そのためには人を犠牲にすることも厭わないほど。

でも、ギフトエコノミーの考え方は違います。「持てるものを分かち合えば、人はつながり、それが私たちを守り、支え、生かし、よろこびを増やす」。人間は〝島〟ではありません。充足の中でも、欠乏の中でも、人は他者とつながったときにこそ、遥かに大きなよろこびを得るのです。

ある時、ワシントン州のあるグループのメンバーが「切り花がほしい」とリクエストしました。妻が退院して在宅ホスピスケアを始めるので、部屋に飾りたいと言うのです。最期の帰宅を迎えた妻を待っていたのは、玄関ポーチにずらりと生けられた数々の花。すべて、まったくの他人が贈り、並べてくれたものばかりです。この世から旅立とうとする女性を包み込む自然の美と、香りと、思いやり。このような弱みや痛みを伴うタイプのリクエストは、だからこそ、受け取る側にも、ゆずる側にも、より一層大きな手ごたえをもたらし、地域のストーリーとして、共感と思いやりの文化を育みます。

お金は人を遠ざける VS ギフトエコノミーは人をつなげる

きっと世の中には「自分だけのアイディア」なんてものは存在しないのでしょう。「買わない暮らし」

の哲学をなかなかすっきりまとめられずにいた私たち。偶然見つけたのは、作家でギフトエコノミーの信奉者でもあるチャールズ・アイゼンスタインの著作でした。それを読み、私たちは自分たちが正しい道を進んでいると確信しました。無数のギフトエコノミーを見てきた中で、私たちが実感したのは、「お金はつくづくよいことばかりではない」ということ。アイゼンスタインの言うとおり、それは「人を遠ざける」のです。

市場経済は孤立を生み、お金は個人を引き離します。お金を払うとき、私たちは売り手に対し、何ら持続的な恩義を感じることはありません。そこには作り手との結びつきも生まれない。同様に、お金を払ってサービスを受ければ、そこには何の恩義もなし。あるのは、支払いとサービスだけ。お金のせいで、それぞれの役割は狭まり、等しい個人としてのつながりは妨げられます。加えて、市場経済は「希少性」のモデルに基づいています。つまり、「供給は常に限られている」との前提のもと、私たちは「全員に行き渡るだけの量はない」と信じ込み、資源の奪い合いをするのです。「あなたが取れば、私の分が減る」――私たちは分断され、だれもが他人よりも多く取ろうと躍起になっています。

それに対し、ギフトエコノミーは「豊富な資源」を前提としています。何かを人にゆずっても、永遠に失うことにはならない。必要になれば、またいつだって手に入れることができる。そして、ゆずる行為と同様、願いを口にする行為もまた、人とのつながりを生み出します。願いを口に出し、ゆずってもらう行為は、ギフトエコノミーのきわめて重要な一部。そこに求められるのは、信頼と勇気、そして弱みを隠さないオープンさ。さらに、ほしいものを口にしても自分の価値は下がらないし、人からの敬意が減るわけでもないという安心感。実際、みんなが願いを伝え合えば、そこには支え合いの関係が育まれ、それは私たちみんなにとってメリットとなるのです。

ただ、言うまでもなく、願いを口に出すのは、多くの人にとって「買わない暮らし」のいちばんむずかしいポイントのひとつです。とりわけ女性は、ほしいものを人に伝えるなんて、すごく恥ずかしいと感じるもの。女性は伝統的に「自分を出さないこと」「いい子であること」を求められてきました。そして、いい子はおねだりなんてするはずがありません！　本当の希望や欲求はどうあれ、いい子は与えられたもので満足するべきなのです。

ある研究によれば、女性はしばしば願いを口に出さないがばかりに、「ほしいもの」や「受け取ってしかるべきもの」を手に入れることができないそうです。[2]「ゆずるのが仕事」、「求めるべきではない」と教えられ、社会の中で〝世話する側〟として育てられるため、願いを外に出すことが難しくなり、恥の感情さえも抱いてしまう。そして願いを封印したまま、社会に期待される最良の資質＝「他者の手伝い」の実現に励んでしまうのです。だからこそ、女性はきっと「ほしいと言えない別の誰か」の口を借りてものを言うのでしょう。「誰それのためにほしい」と言えば、「もっともな願いだ」と認識してもらえるからです。

また私たちは経験的に、「ほしいと伝える」ことが、ある種の力関係を生むことも知っています。頼り、恩義を受けるような関係性です。この種の〝ギフト〟の多くは――レストランでのデートや昇給の相談など形は様々――しばしば何らかの見返りを前提にしています。市場経済では、「ゆずる力」が往々にして「権力」と結びついているという点も関係しているでしょう。

ギフトエコノミーはこうした力関係を打ち崩します。お金の介在しない自由なギフトのやり取りには、条件や見返りは介在しません。グループ内でオープンにやり取りがなされるので、隠れた見返りのメカニズムはもはや機能しないのです。さらに、みんなが願いを口に出すことで、ある真実が見えてきます。つまり、完全に自立している人間などどこにもいないということ。みんなに「ほしいもの」があり、そのすべてを自分自身で満たせるわけではない。そして、それはまったく恥ずべきことではないのです。

私たちは、人に頼ることに慣れていません。頼って恥ずかしい思いをするくらいなら、単にゆずる方がずっと簡単でシンプル。アイゼンスタインの著作に書かれているとおり、みんな恩義や感謝が大嫌いです。「義理をつくりたくないのでギフトは受け取りたくありません」。「だれにも何の借りもつくりたくありません」。「人の施しや善意に頼りたくありません」。「自分で払えるので結構です。あなたの助けは要りません！[3]」

でも、人に頼らずに「買う」ことで、私たちは文字通り、大変な代償を払わされています。みんなが家に同じ家具や道具を備えつけ、別々の車で同じ学校や店やイベントに向かいます。窓もろくに開けないので、隣りにだれが住んでいるのか、気づくことさえない。みんな自分だけの世界に引き籠り、何でもお金で解決し、うわべだけはしっかり自立している気分。でも、そうこうするうちにメーカーは限りある天然資源を使い込み、どんどんモノを作り出します。そして私たちは、孤立の虚しさをひたすらモノで埋め合わせるのです。

〝買わない結婚式〟

でも、ひとたび壁を飛び越えて、〝買うより頼る〟の精神を取り入れてみると、驚くべきことが起こります。その最たる例が結婚式。結婚式の準備は、膨大な手間と法外な費用を伴います。買わない暮らしの結婚式は、言わば古き簡素な時代への回帰。そして、ブライダル業界を出し抜く挑戦でもあります。

まずはドレス。これは借りるか、もらうかしましょう。それ以外の主要なものもすべて無料で準備できます。持ち寄りの料理とワイン、美しい庭、テーブルと椅子、ヘアメイク、司会進行、弦楽四重奏、キャンドル、飾り付け、ヴィンテージカー――。

ワシントン州のメンバーであるマーケッサは、里親に育てられ、12歳で祖母の養子になりました。その後、ボーイフレンドのDVを逃れ、27歳で再出発。愛する男性と結婚することになりました。当初は、市役所の最低限の式で地味に済ませるつもりでした。[4] 立ち合うのは友人ふたりだけ。家や学校のために少しでも節約したかったのです。でも、式で着るドレスがありませんでした。そこで買わないグループに投稿してみたのです。「ベーシックなパーティ用ドレスを貸してもらえませんか？　きれいに見えればどんなものでも構いません！」

それを見たロビン。マーケッサには会ったこともありませんでしたが、ちょうどぴったりのおしゃれなドレスを持っていました。「でも、なぜもっときちんとした結婚式を開かないのかしら？」マーケッサはロビンに「家族も友だちもほとんどいないので……」と返信しました。「お金はやっぱり大きい。結婚式は高くかかるし、赤ん坊にふたりの子どもまでいて。ほかの夢だってあるしね」――マーケッサは後に地元ニュースのインタビューにこう答えています。[5]
ロビンはすぐさまグループに呼びかけました。「だれかマーケッサたちの夢の結婚式の実現を手伝える人はいませんか？」「私には母親がいないのに……そこに彼女が出てきてくれた」と涙を流すマーケッサ。ロビンの投稿から7時間。マーケッサが手にしたのは、会場、カメラマン、映像作家、ガウン、花嫁介添人のドレス、テーブル、椅子、バラ、アジサイ、引き出物、豪華なビュッフェ、進行役のDJ。それだけではありません。何と、ある女性は、小物入れから出てきた夫と前妻の結婚指輪を大よろこびでゆずり渡したのです。通常なら100万円は下らないはずの式が、みんなの愛とシェアリングの勝利を祝う場に早変わり。「砂糖を借りようと思ったら、ケーキもステーキもロブスターも出てきたようなものね！」とは参加者のキャロルの弁。ギフトエコノミーの結婚式は、参加者が力を出し合うので、ほとんど「シェアリングの儀式」とでも言うべき趣です。

ステップ2．「受け取る」

さて、最初に「1週間、またはできるだけ長く、モノを買わずに過ごす」というチャレンジを紹介しました。「まだ全然平気！」という人もいるでしょうか？　でも、平気じゃない人だっていますよね？「店に行かないとどうしようもない」と感じるものは何でしょう？　修理すれば済む、あるいはだれかに手伝ってもらえれば事足りるものもありますか？　リストをつくってまとめてみましょう。そして、近所の人や「買わないグループ」に呼びかけて、だれかドーナツ型や梯子を持っている人はいないか、おばあちゃんの古いランプを修理してくれる人はいないか、尋ねてみてください。

さあ、はじめましょう！　安全地帯から一歩踏み出して、今この瞬間、願いを口に出すのです！　この最大のハードルこそが、近所の人や、友人や、同僚たちとのつながりを阻害し、ギフトエコノミーに全力で飛び込む障壁になっています。あなたがモデルを示すことで、まわりの人たちも願いを外に出しやすくなります。

簡単にできることなら、だれもがよろこんで手伝ってくれるはずですよ。庭の雑草を抜く。クローゼットの整理を手伝う。チリコンカンを作る。履歴書を作る。運転が大好きで、いつでも送迎してくれるという人もいるでしょう。これはほんの一例にすぎません。ぜひ思い浮かべてみてください――「何とかしたい。でも業者に頼まなければどうにもならない」とずっと肩にのしかかっていたこと。そして、その場から抜け出して、人に助けを求めてみるのです――しかも無料で！　きっと「よくぞ言ってくれた！」と喜んでくれる人が出てきますよ。

デトロイト郊外に住むクリスティーンは、勇気を振り絞り、〝まさか叶うとは思えないようなもの〟を頼んでみました。ズバリ、韓国への無料航空券用の「マイル」です。クリスティーンはもともと韓国出身。養子としてミシガンで育ちました。韓国に住む生みの親を少し前に探し当て、初の面会を果たしたいと考えたのです。クリスティーンの願いのお陰で、まったくの他人が、自分では使い切れなかったマイルを使って、ひとりの人生を左右する旅をプレゼントするチャンスに恵まれることになりました。

クリスティーンはこう書いています。「グループのお陰で、ついに韓国の生みの親を訪ねられることになった。秋に迫った旅のことを思うと胸がいっぱい！　フライトをチェックしていた時、6000マイルという距離をじっと見ていて、そうだ！　買わないグループでは、「どんな願いも同じように価値がある」「どんな願いも大切だ」「どんな願いも口に出してよい」って言ってたな…「じゃあそうしよう！」ということでお願いしてみたの。まさか叶うなんて夢にも思わなかった！　宇宙に投げかけてみたら、宇宙が私にクリスティーをよこしてくれたというわけ」。

「近所に住むクリスティーは、すごく忙しいのに本当に献身的に、私のために航空券を押さえてくれた。彼女が教えてくれたのは、「〝願いすぎ〟なんてどこにもない」ということ。そして、「私たちにはいつも支え合えるコミュニティがある」ということ。クリスティーが私にくれたのは、無料航空券以上のもの。その価値はお金では測れない。私が手にしたのは、チャンス。新しい思い出。アイデンティティの統合。そして、今までまったく知らなかった自分の過去と歴史――。私たちはみんなギフトを持っている。クリスティーのギフトは愛。彼女はそれを赤の他人である私に与えてくれた」。

最初期からプロジェクトを手伝ってくれているリサは、こう説明します。「買わない暮らしは、言ってみれば、新しい隣人に手作りクッキーを届けるアメリカの伝統のようなもの。焼きたてのチョコチップクッキーは、別に「あなたがクッキーを食べたいだろう」とか、「子どもたちがやせすぎているから」という理由で届けられるわけじゃない。それは単に「新しい隣人に会いたい」「たのしく挨拶したい」という気持ちの表れ。ギフトエコノミーでは、だれもが焼きたてのクッキーを手に隣人の扉を（本物の扉であれ、比喩的な扉であれ）ノックすることができる。そして、挨拶して、深く知り合える。これがいちばんのゴールだと思う。クッキー自体は本当にどうでもよくて、だれが多く持っているとか、だれが少ないとか、だれがもっと必要だとか、この人は必要ないとか、ギフトの価値がどうだとか、そういうことじゃないの。大事なのは新しいつながりができること。歓迎の気持ちが伝わって、単にモノを分かち合うだけではなくて、「私たち自身」の中身を分かち合えること。それがいちばん大切な部分」。

アレクサの話

昔は、環境に配慮する暮らしは窮屈っていうイメージがあった。買わない暮らしをはじめて、私もゆずるものにまつわるストーリーを人に伝えるようになったの。「このネックレスはおばあちゃんのものだったんです」とか、「この虫メガネはお兄ちゃんと私が毛虫やカエルを調べるのに使ってました」とかね。ある時、近所の人がブラジャーをくれたの。乳癌の手術をして、もう使えないからって。こういう話をしてしまったら、あとはもう壁も扉もない。フレンチプレスがほしいと言ったら、気づけば近所の家のリビングにいて、そこの家の子どもたちが私の顔に仔猫をギューギュー押し付けていて、こいつはこんな変なことをするんだとか、学校では今こんなことをやっているんだとか——。ささやかなギフトのやり取りをきっかけに、近くに住む者同士がいきなりおしゃべりをはじめるというわけ。

2017年8月、私は人生の危機に見舞われた。転職した初日、バスに乗り遅れそうになって転倒し、手と足を骨折したの。しかも、ちょうどその週に引っ越しを控えていて、しかもアパートにはエレベーターもない。歩くことも、運転することも、タイピングも、鉛筆を持つことも、着替えることもできない。体を使うことはほぼまったく無理。どうしたらいいか分からなくて、とにかく「買わないグループ」に相談してみた。そうしたら、すぐに近所の人たちが列をなして来てくれて、病院に送迎してくれたり、手作りのごはんを届けてくれたり。引っ越しの荷造りや荷ほどき、家具の移動、そうじ、洗濯、中には歩行器を貸してくれた人までいた。
今はまるで違う場所に住んでいるような気分。近所の人たちはもう他人ではなくて、家族同然。みんなが人とのつながりをいちばんに考えれば、そして、利益よりも人を大切にすれば、そこに現れるのはやさしさと感謝。それもあふれるほどたくさん!

（アレクサ／コネティカット州）

人に頼みたいことや修理してほしいものが思いつかない場合は、さあ、ここは一発、「モノ」を狙ってみては? たとえば、おなじみの「調味料を借りる」でもよし。あるいは子どもの長靴、子犬のリード、おかず（冷凍しておけば、1食作らずに済みますよ!）、その他買い物メモにあるすべてのもの。本当に様々なものがやり取りされてきました。高校のダンスパーティー用のドレス、たきぎ、結婚式のカメラマン、犬の世話、ピアノ、コンピュータ、引っ越し用ダンボール、電動ドリル、ベビーゲート、鉛筆、ステンレスのコーヒーマグ、ダウンジャケット、空港送迎……。
あるメンバーはホームシックにかかり、ちょうど選挙の結果にも落ち込んでしまって、グループに「モノでないもの」をリクエストしました。「何かおもしろいもの、すごいもの、きれいなもの、変なもの。画像でも、お話でも、すごいブログでも、音楽のリンクでも、何でもいいので、明日がほんの少し明るく気分よく過ごせるようなものをお願いします！」 彼女のSNSアカウントに届けられたのは、おもしろいネタやゴージャスな写真、感動的なエピソード、ためになるブログやポッドキャスト、そして気晴らしになる他愛もないジョークの山！ お陰で彼女はつらい時期を乗り切れたそうです。やさしい心のギフトはいつだって喜ばれます。猫の動画がこんなにもシェアされているのにはちゃんと理由があるというわけです。

ギフトの価値はすべて等しい

ギフトエコノミーにはいくつか大切な暗黙のルールがあります。まず、「ギフトの価値はすべて等しい」。ギフトには値段はつけません。トラック1杯分のたきぎも、ほかのだれかにとってはコンピュータの電源コードと同じ程度の価値。ギフトはお金には換算できないし、すべきではありません。そこに生まれる人のつながりこそが千金の値打ちです。そして、ギフトには値札がついていないので、原理的にはそのギフトを売り払って換金することもできます（最初にそんな意図を明かさなければ、の話ですが）。でも、私たちは大体において、お金を介さずにやり取りされたギフトがすぐに換金されることはないものと想定しています。

買わない暮らしがはじまった初期の頃。グループでもらったギフトを、何人かのメンバーがこっそりと売り払っていることがわかりました。つまり、受け取ったギフトをお金に換えてしまっていた。これは私たちの社会実験の根底を揺るがすような事態となりました。ゆずった人たちは怒り心頭に発し、売り払った人を魔女狩りのように攻撃する始末。そこにあったのは「裏切られた」という強い思いです。

なぜみんな、無料のギフトをだれかが売り払ったことに対して、これほど感情的になったのでしょう？

健全なギフトエコノミーは、「ゆずる」「受け取る」「感謝する」の３つの上に成り立っています。そしてそこには、受け取ったギフトをお金に換えたり、価値に序列をつけたりすべきではないという言外の前提があります。もしそういったことが起これば、「市場価値がいちばん高い」とされるギフトを求めて争奪戦がはじまります。自分自身の価値観でギフトを見る目が消え去り、高額商品に人が群がる。そして「価値が低い」とされた品はだれもほしがらずに残り、最後はごみ処理場行きとなってしまうかもしれません。

ギフトエコノミーは貨幣経済へのアンチテーゼです。人の親切をお金に換えるなど考えられません。逆に、もしそれほど苦しい状況なのであれば、お金ではなく、本当に必要なもの自体をギフトエコノミーに頼めばよいのです。たとえば、新しい冬のコートを買うためにギフトをこそこそ売り払ったりせず、最初からコートがほしいと表明すればいい。「買わない暮らし」の精神では、モノをお金で計らない、そして正直であることが求められます。近所の人たちとモノを分かち合うとき、正直であること、そして隠し事をしないことで信頼が築かれます。そして、信頼こそは千金の値打ちです。

ひとつおすすめの実験を紹介しましょう。グループのメンバーに「大きな願い」と「小さな願い」の両方を投稿してもらうのです。この実験は、お金の介在しないギフトエコノミーの可能性を鮮やかに照らし出してくれます。あなたにとっては大きなものが、ほかのだれかにとってはいかに小さく、何の躊躇もなくゆずってくれるようなものでありうるか。ある人が強く願うこと（たとえば冷蔵庫の修理）が、別の人には「お安いご用」というケースはままあります。これまでにも、自動車、ボート、家などのギフトが、ハーブの鉢植えや新聞、空の靴箱などとまったく同じようにやり取りされるのを私たちは見てきました。

「大きな願い」と「小さな願い」

メリーランド州のグループのリーダーであるイライザは、この「大きな願い」と「小さな願い」の実験をみんなで試してみようとメンバーたちに提案しました。「ぜひ考えてみて！　まずは、今週すぐに買ってしまうような小さなもの。あまりにも小さくて、人に頼むなんて考えられないようなものをひとつ。それをみんなに伝えてみましょう！（もしかしたらだれかがゆずってくれるかも!?　やってみなけりゃわからない！）次に、「こんなものもらえたら最高だけど、まあ無理かな…」というような大きなもの。あまりにも大きくて、人に頼むなんて考えられないようなものをひとつ。それをみんなに伝えてみましょう！（もしかしたらだれかがゆずってくれるかも!?　やってみなけりゃわからない！）」

ものの数分、最初に反応したのはアンナでした。「すごくたのしい実験ね！　私の「大きな願い」はカヤックです。7年前に引っ越してきて、ずっとほしいと思っているの。川で乗って、ごみや瓶を集められたらいいなと思っているのだけれど。「小さな願い」は女の子用のヘアリボン。読んでくれたみなさん、ありがとう！」

数分後、デイナがコメントしました。「アンナ、うちにはすごくたくさんヘアリボンがあって、娘は全然つけてくれないの。喜んで差し上げますよ！」

そのすぐあとに、今度はケリーから驚くべきメッセージが！「アンナ、うちには空気で膨らませるカヤックがあって、もういい加減処分しなければと思っていたの。もしあなたが使ってくれるなら、話は簡単！」

驚きの展開にアンナは歓喜。「本当にありがとう、ケリー！　ぜひください。必ず乗って、川をきれいにすると約束します！　何だかまるで宝くじを当てたような気分！」

ギフトエコノミーはもちろん節約にもつながります。でも、もっと大事なのは、お金が構成要素の外に置かれること。「ここではお金はないも同然！」と私たちはよく言います。**ギフトエコノミーの中では、お金には価値がありません。**いちばん価値があるのは、ゆずり、受け取る行為そのもの。そこでは、持てる者と持たざる者の境界線が揺らぎ、みんなが同じ立ち位置となります。そして、「あなたが取ると、わたしの分がなくなる」という思考ではなく、「あなたがもらうと、わたしも得する」という思考へ。さらには、究極の理想である「あなたがもらうと、みんなが得する」へ。ギフトエコノミーは私たちの思考回路を大きく動かしてくれます。

思いがけないつながり

口に出した願いが、思いもよらない展開につながることもあります。品物の受け取り時に、驚きの出会いが待っていることも！　ロサンゼルス近郊に住むジェイミーは、文字通り人生が変わった1人。ほしかったものをある夫婦がゆずってくれることになり、ジェイミーはそれを受け取ろうと夫婦の玄関口に立ち寄ったのです。ちょうどコンサートに向かうところだったので、時間はほんのわずか。でも夫婦は「ぜひ中に入ってワインを1杯」と言って聞かず、ちょうど居合わせた友人をジェイミーに紹介しました。とてもたのしいひと時となりましたが、コンサートの開演は待ってくれません。ジェイミーは引きとめる3人に別れを告げ、夫婦の家を後にしました。でも、「本当はコンサートなんかよりも、あの人たちの家に行く方がいいな」と感じている自分に気づいたのです。

2日後、ジェイミーは別のギフトを受け取りに、また同じ夫婦の家に出向きました。そして、運命の巡りあわせか、あの時居合わせた友人がまたしてもそこにいたのです。今度はゆったり何時間も過ごし、ジェイミーと彼はたちまち親しい友人に。携帯番号も交換しました。「言っておくけど、私はその時独身で、とてもオープンだったの。そして彼はハンサムで、頭がよくて、おもしろくて、大胆で、やさしい心の持ち主だった」。

というわけで、彼からショートメッセージが届くと、今度は一緒にデートをすることに。すぐに2回目が続き、その後は会わずにいられない関係になりました。「1年が過ぎる頃には、私はこの信じられないくらいに愛情深い、やさしくてちょっとおバカで、クリエイティブで思慮深いすてきな男性に心を奪われてしまったの。そして『結婚しよう』と言われて、『ぜひ!』と答えたというわけ」。

この種のエピソードは数えきれないほどたくさんあります。買わない暮らしを通じて、本当に多くの人たちが親友や人生の伴侶を見つけているのです。すべてを紹介することはできませんが、「買わない暮らし」というシンプルで革新的な選択を通して、人生の節目に立ち会ってくれるような大切な友人が見つかったというエピソードが続々と寄せられています。

願いを口にして、ギフトを直接手渡してもらうことで、あなただけのラブストーリーが紡ぎ出されることもあるのです。「受け取る側」に立つ際は、ぜひいくつか「ゆずるもの」も用意してみましょう。「買わない暮らし」は、ゆずる側と受け取る側が両方あってのネットワーク。そこに積極的に参加し、みんなのライフスタイルを支える姿勢を示すことが大切です。**ゆずればゆずるほどもっといいことが―様々な形で―あなたに返ってくる。**そういう仕組みなのです。そして、そういう思考回路に早く飛び込めば、それだけ早く結果も出ます。そうなれば、何か本当に必要なものが出てきたとき、それが手に入る可能性は十分。みんなが寄ってたかってあなたにゆずろうとしてくれるはずです。

やってみましょう――「受け取る」

もう準備はできていますね。3つのタイプの願いを口に出してみましょう。

1つ目は、買い物メモに書き込むような類のもの。ちょっとしたストーリーを添えて、なぜそれがほしいのか説明しましょう。とびきり奇想天外な願いだってよいのです！　たとえば、犬の飼い主であるジェイミーが投稿したリクエストはこれ。「こんなこと書くなんて、自分でも超信じられないけど、でも！　私、死んだネズミがほしいんです。今ちょうど探索救助犬の訓練中で（名前はアトラス。会ったことある人もいますよね？）、自然保護プログラムで（自然保護＝すばらしい仕事！）ネズミの巣を見つける練習をしてるんです。もし死んだネズミを持ってる人がいたら、私、専用の冷凍庫があるんで…。あーもう最悪。本当に冗談だったらいいんだけど…」。

反応は抜群。ストーリーのお陰で珍妙なリクエストの事情もよく伝わり、「毒薬に頼らないネズミ駆除」の話題でグループ内は持ち切りに。深刻な鼠害に直面する地域だったこともあり、みんなが我がことのように関心を示し、ジェイミーは楽々と6匹のネズミをただで手に入れることができました。これぞ「ウィンウィン」、いいことづくめ！

2つ目は、「助けを頼む」。何らかの作業を手伝ってもらったり、または持ち物を修理してもらったり。何に助けが必要か考えてみて、最初に頭に浮かんだものを紙に書き出し、それをそのまま投稿するだけ！　たとえば、箱から出しもせずに置きっぱなしになっている家具の組み立て。あるいは、トラックを持っている人に、地下の古い衣類乾燥機の運搬を手伝ってもらうとか。はたまた、家の中に巣を張っている巨大なクモを捕まえてもらうとか！　リーズルが、日本語の契約書を英語に翻訳しなければならなかった時は、信じられないことに、日本語の母語話者が近所に住んでいて、1ページの書類をいともたやすく訳してくれました。まさに、リーズルにとっての「大きな願い」が、別の人には「お安い御用」だったわけです。ちなみに、みんなのリクエストのトップ3に来るのは、①家の大そうじ、②庭の草取り、③仕事で子どもを迎えに行けない時の子どもの迎え、です。

3つ目のお願いは、あなた自身のためのもの。先ほどの1つ目のお願いは、きっと家族のだれかのためだったのでは？　今度はあなた自身がほしいものに思いを馳せる番。「買おうかな？」と思ったけれど、結局は買わなかったもの。「あなた自身」がうれしくなるもの。「子どもや孫もたのしめる」「妻や夫もたのしめる」ではダメです。思わず「こんなもの買うなんて…」と考えてしまうようなものがベスト。買おうとしたのに、「自分のためだけに買うなんて、何だかわがままだし…」と買えなかったもの。ねらいはそこです！「秘密のリスト」にある願いを口に出してみて、何が起こるか見てみましょう。もしかしたら、本当に願いどおりのものが手に入るかも！

お願いするものが決まったら、「お願いの仕方」を選びます。グループ全体に投稿するもよし、少人数に限定するもよし。ただ、あなたの願いを目にする人が多ければ、それだけたくさんの人にモデルを示すことができます。友人、家族、近所の人たち、職場など、「ゆずる」のステップで関わりを持ったすべての人たちに、願いを伝えてみましょう。「買わない暮らし」の7つのステップに挑戦中であることも打ち明けてみてください。もしかしたら仲間が増えるかもしれませんよ。

どうしても不安なら、このことだけはしっかり覚えておいてください。願いを口に出すのは誰にとっても心細いもの。でも、それは必ず乗り越えられるし、それこそが生き生きとしたギフトエコノミーを形成する鍵です。私たちはその生きた証人。ギフトエコノミーはきっとあなたに望むものをもたらしてくれます。しかも、モノばかりではなく、人とのゆたかなつながりやよろこびをもたらしてくれるはずなのです。

ステップ3
「リユース&リフューズ」

「3R」のスローガンが提唱されたのは、環境運動が高まりを見せた1970年代のこと。「リデュース、リユース、リサイクル」は、「重要度の大きい順」ですが、同時にそれは「難しい順」でもあります。リサイクルは、分別さえすれば、あとは自治体が収集してくれるので簡単。リユースはもう少し難易度が高くて、環境にはより望ましい。リデュースは、消費の習慣や思考の押し戻しが求められるので、最初のうちはいちばんむずかしく感じられるかもしれません。

　でも、今こそ目を向けるべきは、ここに入っていないもうひとつのR、「リフューズ」です。「買い物のピラミッド」を思い浮かべてみましょう。まず、「リフューズ」（＝断る／買わない）、次に「リデュース」（＝減らす）、そして「リユース」（＝何度も使う）、最後に「リサイクル」（＝資源化）。新しい製品を買わずに「リフューズ」すれば、そもそも限りある資源が使われることもないし、ごみが海や川やごみ処理場に行くこともないわけです。

　リフューズは英語で「refuse」と綴りますが、そこには2つの意味が見え隠れします。「レフュース」と発音すると、「ごみ」という意味の名詞。「リフューズ」と発音すると、「断る」という意味の動詞。この2つの意味のつらなりはとても示唆的です。もしあなたが新しい買い物を「リフューズ」し、既にあるものを使うようにすれば、その結果、温室効果ガスやごみ（レフュース）の削減が期待できるというわけです。

　もしこれが過去への逆戻りのように聞こえるとしても、無理もない話。「買わない暮らし」は、みんながつつましい生活を強いられた過去の記憶を連想させます。第二次世界大戦中、政府は市民にこう求めました――「使い切ろう、着倒そう、無理やり使うか、なしで済ませよ」。私たちの親戚には、レベッカの「インゲおばあちゃん」のように、戦時中を生き抜いて、つましい生活の記憶を今に伝える世代がまだたくさんいます。

レベッカの話
「私のインゲおばあちゃん」

ナチスによるユダヤ人虐殺を生き抜いたインゲおばあちゃん。その道のりはジグザグの連続でした。ポーランドのグダニスクの実家↓イギリス↓グダニスク↓ベルリン↓イギリス↓乗った船が沈没したため再度イギリス↓再び船に乗り、無事にカナダへ。そこで見知らぬ人の助けを借りて、サンフランシスコにたどり着き、やっと根を下ろしてアーティスト／詩人に――。

祖母はモノの新しいつかい方を見出す達人でした。ユダヤのお祭り「ハヌカー」の最初の晩、私が初めての子どもを産んだとき、戦争の中でどうやってハヌカーのお祝いをしたかを私に話してくれました。専用の燭台はおろか、蝋燭すらなかった日々。「だから、机の表面のひび割れに木のマッチを突き立てて、その一瞬の灯りで、毎晩数秒間部屋を照らしたのよ」。

持ち物を駆使し、食べ物を野外で採集することで、祖母はその過酷な避難生活を心身ともに生きながらえたのです。そして、新天地に落ち着いてなお、その習慣を失わず、今度はそれをアートの中に生かしました。毎日、道を歩く足元に目を配り、使えそうなものを見つけては、彫刻や、絵画や、コラージュに使うのです。私たち姉妹も一緒になって地面を探し、「こんなの見つけたよ！」と祖母に届けました。車に轢かれた古めかしい腕時計を私が見つけたときは大よろこびしてくれて、その残骸からひとつひとつの部品を大切に取り出し、マルチメディアアートに使ってくれました。

半端な糸を使って、すごく不思議な動物を編んでくれたこともありました。きれいに洗った野菜用の薄いビニール袋を詰め物にしているので、カサカサ音がするのです。ある夏、家族でキャンプに出かけたときは、私にガムを買ってくれて、その銀紙のひとつひとつをそれぞれ違う動物に仕立ててくれました。キャンピングカーで海沿いの道をガタゴト進みながら、サーカスごっこに興じる私たち。祖母の思い出は、今も私の「リユース」の指針です。「買わないプロジェクト」のことを話したら、きっと喜んでくれることでしょう。

さて、そんな時代も今は昔。80年代、90年代、そして2000年代の初頭は、持ち物の「数」と「新しさ」と「ブランド」で人が評価されるような大衆文化の時代。そんな中で育った世代にとっては、〝わざわざリユース〟するなんて、ちょっとかっこ悪く思えてしまうかも。でも、ここはぜひ見方を変えて、〝ごみをクリエイティブに蘇らせる〟インゲおばあちゃんの精神をみんなでたのしめるようになったらいいなと思います。「リユース」のメリットをいくつか挙げてみましょう。

①経済面のメリット

ある非営利団体の調査によると、年間1万トンのごみをリユースに回すと、木製パレットなら28人、コンピュータの再利用なら296人の雇用が生み出されるそうです。同じ量のごみを焼却や埋め立てに回せば、それぞれたった1人の雇用しか生まれません。[1]

② 環境面のメリット

リユースはリサイクルに圧勝です。リサイクルは、資源化工場への輸送、そして集めた資源物を分解して再生するまでに、たくさんのエネルギーを要します。しかも、完全な循環型のリサイクルはごく一部。大半は新しい材料を追加投入しなければ、再び製品として使えるようにはなりません。リユースなら、個人宅や地元の商店でも取り組むことができ、エネルギーの投入も減り、運搬によるカーボンフットプリントも下がります。

③ 気持ちのメリット

リユースはクリエイティブな思考に火をつけ、古いものをよみがえらせる充実感も生まれます。もちろん、「リユースでどのくらい幸せになれるか？」を示す統計は存在しません。でも、私たちはリユースが驚くべきよろこびを醸す例を幾度となく目撃してきました。中古の鏡をシャビーに塗りなおしてゲストルームに飾ったり、食べ終わったロメインレタスの芯をグラスの水に挿して窓際でレタスを育てたり…（レタスだけでなく、セロリ、ネギ、ビーツなども挿しておくとまた伸びてきますよ）。

リユースは時間がかかるし、仕事で忙しかったり、子どもがいたりすると「手間が増えるから無理！」と感じる人も多いでしょう。でも、実はリユースの方がラクな面もあるのです。わざわざお店に買いに行ったり、ネットで何時間もかけて注文したりする手間が省けます。使い捨てをどんどん買い足さず、既にあるもので〝いかに代用できるか〟を考えることは、買わない暮らしのいちばん重要なステップとも言えます。

買わない実験

数年前、レベッカはさらなる挑戦の一環として、「黒いコットンのセカンドハンドのサンドレスを1年間着続ける」というプロジェクトに取り組みました。ギフトエコノミーでもらった様々なアクセサリーと組み合わせて、同じ1着を1年間毎日着続けるのです。アパレル産業は石油産業に次ぐ環境汚染源。私たちはどんどん服を買い、あっという間に着古しています。アメリカ環境省は、2015年に生産された1600万トンの繊維のうち、1050万トンがごみ処理場行きとなったと推計しています。リサイクルに回ったのはわずか250万トン。繊維のほとんどはリユースまたはリサイクルできるので、これは本来は簡単に向上できる数字。[2] また、合成繊維はいつまでも自然界で分解しませんが、天然繊維はいつかは土に戻ります。

レベッカの「1枚のドレス・プロジェクト」

単純に知りたかったのです——1年間、本当に毎日同じセカンドハンドのドレスを着続けることはできるのか？ 果たして日々の活動や洗濯に耐えるのか？ まわりのみんなは気づくのか？ 自分自身も、1枚のドレスだけでは飽きがきたり、非常識と感じたりするのか？

やってみて、すべての問いに答えが出ました。その1．やさしく洗い、注意深く空気乾燥すれば、セカンドハンドの薄いサンドレスでも、1年間毎日問題なく着続けられる。その2．同じ服を毎日着たからと言って、社会規範を破ることにはならない——。特に、アクセサリーと組み合わせれば、色や質感や模様に変化が出るので、何の問題もありません。実際、同じドレスだと気づいたのは、私がそう伝えた人たちだけでした。教えなかった人たちは、私が毎日まったく同じドレスを着続けていたことを知って、みんなびっくり仰天。

人々の反応から私が学んだのは、「みんな、他人の服のことなんて、大して気にしていない。せいぜいカラフルな部分や視覚的に目立つ細部に目を奪われているだけ」。お陰で私は1年間、仕事、結婚式、告別式、休日、ハイキング、学校のキャンプなど、あらゆる場面を同じ1枚のドレスで楽しむことができたのです。

もちろん、みなさんもレベッカのように、たった1枚の服を着続ければいいと思っているわけではありません。でも、レベッカの学びは私たちみんなに置き換えることができます。つまり、「自分らしいスタイル」は、本当にシンプルなベースの上に築けるし、しかも、それは新品である必要さえない。心から好きなものだけを持ち、それらを存分に着回していけばよいのです。

買い物は気分がいい↓
買わない暮らしはもっと気分がいい

新しい買い物って、つくづく魅力的です。アイテムが持つフレッシュなエネルギー。「自分だけの新しいもの」を手に入れる感覚。ずっと貯金して、「やっと買えた」という達成感。「初めてのビジネススーツ」など、人生の節目を意味する買い物もあるでしょう。私たちは、こういう経験やポジティブな気持ちを全部まるごとカットすべきだと提案しているわけではありません。むしろ伝えたいのは、それと同じよろこびを――そして今までなかったたのしさまでをも――いかに新しい買い物に頼らずに見つけることができるか、ということです。

オンラインショッピングの手軽なよろこびはだれもが知るところ。本、水着、マットレス。クリックひとつでほしいものが手に入ると思うと、私たちの頭は瞬間的にドーパミン（俗に「幸せホルモン」と呼ばれる神経伝達物質）を放出します。2日後、商品が家に届くと、時間差の満足で再びドーパミンが活性化。買い物世代の中でいちばん若い、いわゆる「ジェネレーションZ」（※90年代中盤以降に生まれた世代）は、ソーシャルメディアの影響で、何でもかんでも買いたがります（これはティーンエージャーの子を持つ母としての実感）。新しいものを手に入れるワクワク感、これはもう本当によくわかります。それについては異論はなし。でも、これとまったく同じドーパミンの放出を、私たちは、まったくお金の介在しないギフトエコノミーの品物によっても、得ることができるのです。

私たちはこの目で見てきました。モノを分かち合い、リユースするとき、そこには買い物に勝るとも劣らないよろこびが生まれます。もちろん人は、資

源が不足する事態に備えて、モノを集め、貯め込もうとする側面も持ち合わせています。でも、その一方で、仲間とつながり、資源を分かち合うよろこびも知っているのです。分かち合うことで、互いの生存や社会としての成功も保証されるわけです。

リユースは、「買わない暮らし」のもっとも大事なステップのひとつであると同時に、もっとも誤解されやすい部分のひとつ。リユースと言うと、どうしても、おばあちゃんが30年前の壊れた花柄のソファを処分したがらないような、そんな親族の記憶が呼び起こされます。でも、ギフトエコノミーの文脈では、リユースはまったく別物です。なぜならそこにあるのは、「ため込み」ではなく、「分かち合おう」という思いだから。その時その時のニーズに合わせて、自在にゆずったり受け取ったりするわけです。かつての倹約じみた観念さえ手放せば、リユースはむしろ時間もお金も心のエネルギーも節約してくれる存在です。

手はじめに、まずは家に入ってくる新しいアイテムを、「次にどう使えそうか」という視点で眺めてみてください。たとえばパスタソース。使いやすい瓶入りのものを選べば、残ったパスタを瓶にそのまま保存することもできるし（洗う必要もなし！ ソースごと瓶に詰めて、そのまま翌日のお弁当に！）、家の中のありとあらゆるものの保管に使うこともでき、もし瓶が増えすぎたと思ったら、花を容れて友人にプレゼントしてしまうこともできます。

これはどんなものにも応用できる視点です。プラスチックパッケージ入りの食品を買わなければならないなら（正直、避けられない話ですよね）、それをクリエイティブにリユースする方法を考えればいい。たとえば、頑丈なプラスチックパック入りのトルティーヤを買うとどうなるか？ 子どもたちの大好きなケサディーヤ（※トルティーヤで包むメキシコ料理）と、何十回もリユースできるプラスチックパックの両方が手に入ることになるのです。パックは、量り売りのマイ容器としても使えるし、はたまた食べ物の冷凍に、弁当用のサンドイッチの容れ物に、旅行に、ハイキングの防水靴下代わりに、その他防水性が求められるありとあらゆる目的に利用できます。日常的なアイテムをクリエイティブにリユースすれば、時間とスペースとお金の節約になるし、うまくやりくりできるという自己肯定感にもつながります。

リユースがマスターできたら、次はほかのたくさんの「R」にも取り組んでみましょう。「Renovate」（＝家や家具の修理）、「Reupholster」（＝張り替え）、「Refurbish」（＝改造）、「Restore」（＝修復）、「Remodel」（＝リホーム）、「Repaint」（＝塗りなおし）、そして「Repair」（＝修理）。素材は家の中にあるものでもよいし、ギフトエコノミーからもらったものでも構いません。それらに手を加えて、〝自分だけのオリジナル〟に仕立て上げるのです。

次に何か必要なものが出てきた時は、いきなりインターネットで探したり、お店に買いにいったりせず、「既に家にあるもの」をよく眺めてみましょう。たとえば、「ショートパンツがない！」と思ったら、穴の開いたジーンズを膝上でカットして「自分だけの新しいオリジナルショートパンツ」が作れます。あるいはクローゼットを整理すれば、ずっと忘れていたショートパンツが奥から出てくるかも！

もし「何も使えるものがない」場合は、ギフトエコノミーに頼んでみましょう。リユースというのは、別に「自分のもののリユース」だけに限りません。「ほかの人のもののリユース」だってよいのです。

台所を「減らす」

台所はとても節約のしがいのある場所のひとつ。ほとんどの人はスーパーでいろいろ買いすぎて、食べきれずに食品ロスが発生しています。アメリカ人は、2010年の1年間に、ひとりあたり100キロもの食べ物を捨てていて、政府はこの量を2030年までに半減する目標を打ち出しています[3]。でも、買わない暮らしをすれば、そんな目標よりもっと先へ、さっさと到達できるはず。

基本の食材や好きなハーブや調味料を揃えたら、あとはめったに使わないような特別な材料を買ったりせず、ストックしてあるものを中心に使い切ります。ほんの少ししか使わない食材は、わざわざ買う必要はありません。そういうものはいつまでもなくならず、ほかのレシピが見つかるまでスペースを占拠し続ける可能性が大。食材はお気に入りのベーシックな献立に合わせて揃え、それを使って料理します。そうすれば、台所のスペースも節約でき、食品ロスも避けられるばかりか、お金も節約できます。残り物をすぐに食べない場合は、冷凍してしまいましょう。料理したくない晩に温めなおせて便利ですよ。

捨てずにリユースしたいもの10選

1. 柑橘の皮

万能シトラスクリーナーの材料にします（つくり方は109ページ）。レモンやオレンジの皮は乾燥させて着火剤にしたり、または抜群の芳香剤としてごみ箱の底に投げ入れても。

2. ブロッコリーやカリフラワーの茎

捨てたらもったいない！　刻んで炒めたり、サラダに入れたり、保存瓶にお酢を入れ、にんにく一片とはちみつ少々を足し、冷蔵庫で即席ピクルスにしたり。

3. コーヒーかす

スクラブ剤として、顔や足、腕などに使ったり、いざとなれば食器をこすったり。わが家はブルーベリーの根元にコーヒーかすをばら撒き、肥料代を節約しています（ブルーベリーはコーヒーかすが大好き！）。そのほか、わが家の定番は、ステーキ肉のマリネ液に入れたり、ブラウニーの隠し味にしたり（この場合はエスプレッソの極細挽きがベスト）。

4. 卵の殻

白い卵の殻はきれいに洗って砕き、細かい

メッシュの袋にひとつかみ入れて、白い服の洗濯時に投げ込むと、服が白く洗いあがります。漂白剤なんて不要！

または天然のカルシウムサプリにしても。卵の殻にはいろいろ有益な作用があることが研究でわかっています。[4] 175℃のオーブンで卵の殻を8分焼き、冷ましてミキサーで細かくし、薬代わりに1日1回スムージーやジュースに入れても。

（※安全性や適切な分量については医師などに相談のこと）

5. ワインのコルク

コルクは何に使えるかと言うと……何とコルク板作りに使えます！　古い額縁や鏡を使って、内側が完全に隠れるようにコルクを糊付けします。さらにコルクは……そうです！

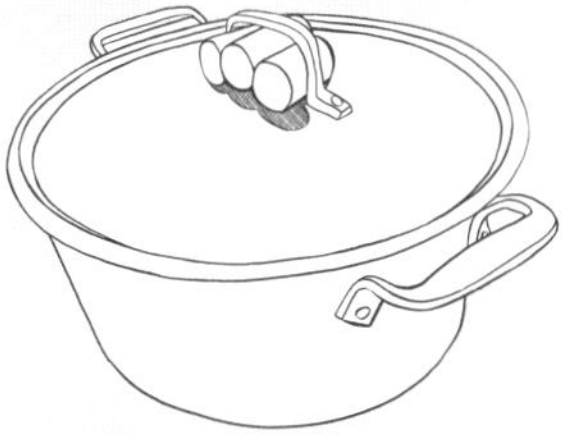

そのまま瓶の栓として使えます。液状のものを好みのガラス瓶に入れ、コルクを嵌めて栓をしましょう。グーグルで「コルク　リユース」と検索すると、もっとたくさんのアイディアが見つかります。

もうひとつ、わが家のお気に入りは、鍋のフタの取っ手！　金属の鍋のフタが熱くなって困るなら、取っ手の下にコルクを2つか3つ、直角に押し込んで、そこを持つようにします。まあビックリ！　何時間火にかけても全然熱くなりません。

6. 玉ねぎの皮

スープやスロークッカーに投げ入れましょう。毎年EUだけで50万トン以上の玉ねぎが捨てられています。でも玉ねぎは、皮の繊維まですべて栄養たっぷり！[5]

7. パルメザンチーズの外皮

捨てずにスープストックに投げ入れましょう。ミネストローネや野菜スープの風味が一段アップ！

8. 豆のゆで汁

圧力鍋やスロークッカーで豆をゆでたら、ゆで汁は捨てないこと。おいしい栄養たっぷりのスープのベースになります。

9. お茶殻

紅茶のお茶殻は、乾かすと脱臭剤に。冷蔵庫やカーペット、犬のベッドのにおい消しに大活躍。ハーブティーや紅茶の葉っぱは、そのまま鉢植えや庭の肥料にも。

10. 歯ブラシ

使い古した歯ブラシ、どうか捨てないで！最高のそうじ道具になります。1本はシンク下に入れて、蛇口まわりやシンクの縁をこすります。もう1本はラベルをつけて、ガーデニング後のつめそうじに。そうじ道具のバケツにも1本入れて、カーペットや家具の汚れ落としを。洗濯機にも1本備えつけて、服のしみ抜きに使いましょう。

日々の食事は、庭や近所の農園で穫れる季節の野菜を中心に組み立てます。そして、冷蔵庫や貯蔵棚にあるものを使い切るようにしながら、献立を決めます。ブラックベリーの季節には、摘めるだけ摘んで冷凍し、1年中朝食のスムージーに入れます。ケールは四季を通じて収穫できるので、主食級の野菜です。スムージー、サラダ、スナック（ケールが嫌いな人たちも「ケールチップ」なら大好き）、そして主菜のソテーまで、何にでも使います。

買い物をする時は、まず衝動買いを防ぐために、食材のリストを作りましょう。様々な料理に展開できる食材を選ぶよう心がけます。加工食品よりも生鮮品の方が、シンプルで値段も安くヘルシー。少ない種類の食材で調理すれば、料理も簡単です。

私たちがよく買うのは、さつまいも、アーモンド、カシューナッツ、ピーナツバター、ブラックビーンズ、ピントビーンズ、ひよこ豆、レンズ豆、フラワートルティーヤ、コーントルティーヤ、米、小麦粉、パスタ。大体は量り売りで買っています。これらを使えば、何百もの料理が作れます。

特に「3つの食材で作る料理」は、食材も、お金も、時間も節約できておすすめ。英語で「three-ingredient recipes」と検索すると、驚くほどたくさんのレシピが出てきます（訳注：日本語でも「3つの食材で作る料理」と検索すると、多少は情報が出てきます）。私たちのお気に入りは、「チェダーチーズ&ブロッコリーのエッグマフィン」、「バナナ&アーモンドのエッグパンケーキ」（訳注：どちらも小麦粉を使わないグルテンフリーの人気メニュー）、「バナナ&ベリーのスムージー」、「ピーナツバターバー」、「ガーリック&ケールの目玉焼き」。

買わずに「採集」

「買い物袋2袋、またはそれ以下の食材で、4人家族の1週間分の食事を料理する」——そんな図を想像してみてください。それが私たちの目指す形で、しかも、ちゃんと実現できています。なぜなら、時間さえあればいろいろな食材を採集したり、育てたりしているから。たとえば、ネトル（イラクサ）、クレソン（自生しています）、ベリー（摘んで冷凍）、ケールやコラードなどの青菜、じゃがいも、玉ねぎ、にんにく（これらは育てて保存）、マッシュルーム（摘んでくる）、飼っているニワトリの卵。

Fallingfruit.orgというすばらしい英語サイトには、世界各地で採集できる食材の情報が掲載されています（訳注：日本の情報は残念ながらないようです）。田舎、郊外、都会。どこに住んでいても、身の回りには食材が山ほど育っていることをこのサイトは教えてくれます。

もしあなたが採集初心者なら、この黄金ルールは絶対に守ってください。「確信のないものは絶対に食べない」。地元の果物やきのこ、木の実、植物のことをよく知らない場合は、詳しい人に頼んで、「採集レッスン」というギフトをプレゼントしてもらいましょう。

リーズルの話「鶏1羽で5つの料理」

リーズルの家では、鶏肉は家族みんなが大好きなたんぱく源。鶏を丸ごと余すところなく使い切ります。丸鶏1羽から5つの料理が作れます。

まずは生の丸鶏をロースト。ここからいろいろな料理をつくってたのしみます。

1. ロースト肉をディナーのメインディッシュにする。
2. 残った肉のかすで、メキシコ料理エンチラーダやチャーハンなどをつくる。

3．骨をベースに鶏がらスープを取る。玉ねぎやにんにくの皮、にんじんのへたなどの野菜くずも取っておいて一緒に入れる。すぐにスープを取らない場合、骨は冷凍しても大丈夫。できあがったら、濾して保存。

4．スープを濾したあとの骨に水を足し、骨がやわらかくなるまで弱火でじっくり煮込む。骨スープが完成。

5．いよいよ骨が犬のごはんに変身！　やわらかくなった骨をハイパワーブレンダーに投げ込み、骨スープ少々を加えてペースト状に。ざらつきがなくなるまで攪拌する。保存瓶に入れて冷蔵庫に保管し、ドッグフードに足す。

すべてを作り終える頃には、鶏はまるごと家族全員のお腹に収まって、後には骨ひとつ残りません！

ステップ3．「リユース&リフューズ」

貯蔵棚や畑にあるものを使い切る以外に、どんなことをすれば買い物を減らせるでしょう？　ストレス知らずのアイディアをいろいろ紹介します。

くれぐれも、これから紹介することを「全部やらなければ」なんて思わないでください。以下のアイディアは、どれもみなさんのリユース&リフューズを助ける「ヒント」に過ぎません。ストレスを感じてもらっては困ります。「よさそうだな」と思うもの、ヒントになりそうなものだけを選んでください。まずはいちばん簡単そうなことからはじめて、少しずつ挑戦のレベルを上げていきます。

それでは、私たち家族の買い物リストから姿を消した50のアイテムを紹介しましょう。

2度と買わない50のアイテム

1. ペーパータオル

使い捨ての紙製品はごみの4分の1にも及ぶそうです。しかも、1日に使われるペーパータオルを生産するには、毎日5万1千本の木が必要という数字も[6]。ここはぜひ、布のふきんを使いましょう！

よいものである必要はありません。ぼろ布だってよいし、古いタオルや穴の開いたシーツ（いっそ古いTシャツだってOK）からぞうきんを作ってもよいのです。かわいいバスケットや引き出しにしまい、どんな場合にもすぐに手が届くようにしておきましょう。あとは洗濯機に投げ入れるだけ。どんなベタベタの汚れが出現しても、もうペーパータオルは必要なし。

2. ペーパーナプキン

布のナプキンを用意して、繰り返し使いましょう。きれいなものが見つからなければ、古いコットンのシーツやシャツ、スカートやテーブルクロスで自作してみても。私たちは引き出しに常時30枚くらいのコットンのナプキンを入れて日常使いしています。ナプキンの自作はすごく簡単。インターネットで「ランチョンマット　つくり方」と検索すると、すばらしいアイディアがたくさん出てきます。

3. ティッシュペーパー

ハンカチを使いましょう！　おじいちゃんもそうしていましたよ。

4. ごみ袋

ごみ箱にわざわざ中敷きのビニール袋を敷く必要はありません（どの道ごみ処理場に行くのですから、結局は同じこと！）。ごみ袋が必要な場合も、わざわざきれいなビニール袋を使ったりせず、ペットフードやお米の袋を再利用したり、家やギフトエコノミーに眠っている大きめの袋を何でもよいから使う方が、新品のポリエチレンをわざわざごみ処理場に送り込むよりもずっとマシです。（訳注：日本でも、指定袋などのルールがなければ、ぜひ使いまわしのビニール袋をリユースしてみてください。）忘れないでください。袋は人に頼んでゆずってもらえばよいのです。あなたが頼めば、頼まれた人はゆずることができ、さもなければ捨てていたはずのものをあなたにプレゼントすることができて心から喜んでくれることでしょう。

5. チャック付きポリ袋

すごく便利なチャック付きポリ袋。これを買わずにリユースすれば、大幅な節約に！　単に裏返して、冷水と台所洗剤で洗うだけ。ポリエチレンは水を吸い込まないので、食器を洗うのと同じ感覚で洗えます。洗ったら干す。洗濯物干しに吊るすほか、歯ブラシホルダーにお箸を立てて、袋を逆さまにかぶせて乾かしても（簡単！）。英語圏では木製の専用スタンド（bag dryer と呼ぶ）も販売されていて、これを台所にひとつ置いておくととても便利です。冷蔵庫にマグネットでくっつけて乾かしている人もいますよ。「これ以上使えない」というところまで使ったら、リサイクルしましょう！

6. フリーザーバッグ

冷凍保存用の分厚いチャック付きポリ袋。私たちに言わせれば、これは単なるマーケティング商法。普通のチャック付きポリ袋を2枚重ね合わせて、よりしっかり遮断すれば済む話です。もし冷凍食品を買って、それがチャック付きのパックに入っていたら、是が非でもリユースしましょう!

7. エコバッグ

エコバッグ（買い物袋）は買い物の必携品。常にマイボトルやマイカトラリーと一緒にかばんに入れておきましょう。レベッカの「縫わないTシャツエコバッグ」は作るのに10分とかかりません。

レベッカの「縫わないTシャツエコバッグ」

着古したTシャツのリユース＋袋の使い捨てを減らせるエコバッグ。このTシャツエコバッグはいいことづくめです!

①古いTシャツの袖を切り取り、ここをエコバッグの持ち手の外側部分にします。切り取った袖はぞうきんに。眼鏡を拭いたり、グラスを拭くにもピッタリ!

②開口部となる首まわりを切り取り、ここをバッグの持ち手の内側部分にします。切り取った輪っか状の布は、捨てずに別の用途に使います。日記帳のバンド代わりにしたり、ヘアバンド代わりに使ったり、夏に畑のトマトを支柱にくくりつけるのに使ったり。

③Tシャツの裾が返し縫いされている場合は、このあとの作業がしやすいように切り取って、首まわりの布と一緒に取っておきましょう。

④テーブルの上にシャツを平らに広げ、右の裾と左の裾を手に持ちます。しっかりと結び合わせて、バッグの底を閉じます。もし裾が短すぎて結べない場合は、さっきの首まわりの輪っかで両端をまとめてしばりましょう。シャツの外側でしばっても、内側でしばっても、どちらでもOK。好きな見かけを選んでください。さあ、できあがり!

8. 万能シトラスクリーナー

柑橘の皮とお酢で作る万能クリーナー。オレンジの皮(レモンやライムでも!)を大きめの瓶に入れ、上からホワイトビネガーを注ぐだけ。瓶いっぱいに柑橘の皮を足していってもいいですが、その場合は必ず皮がお酢に浸るようにしてください。1ヵ月以上寝かせれば、すばらしいシトラスクリーナーのできあがり! 市販のクリーナーそっくりに油汚れを落としてくれます。わが家はこのシトラスクリーナーと水を1対2の割合で混ぜたものをスプレーボトルに入れているので、そうじがラクラク! お酢くささが気になる人は、エッセンシャルオイルを加えれば、あなただけの理想の香りに。

9. 洗濯洗剤

2人とも、この濃縮タイプの粉末洗剤をもう何年も断続的に使い続けています。いろいろなバリエーションがネットに紹介されていますが、どれもちゃんと使えます。縦型の洗濯機いっぱいの洗濯物に、たった大さじ1杯でOK(もし汚れがあまりにひどい場合は軽く2杯）。一度作れば、3人家族で数ヵ月は持ちます。

〈材料〉

ホウ砂、炭酸ソーダ（炭酸ナトリウム）、固形石鹸

（訳注：アメリカではどれも紙箱入りなどで安く買える材料ばかりです。日本ではプラスチックパッケージは避けられませんが、薬局などで購入可能です）

〈つくり方〉

①固形石鹸1個を目の細かいチーズおろしなどですりおろし、大きなボウルに入れる（または2〜3センチ角に刻んでフードプロセッサーで粉砕）。

②ホウ砂と炭酸ソーダを各1カップ強加える。

③手でかきまぜる（繰り返し使えるゴム手袋をはめて手を保護する）。フードプロセッサーを使ってもよい（ただし、刃を傷めないように石鹸を細かく刻むこと&使用後はしっかり洗うこと）。

④よく混ぜる（すべてが滑らかになり、すりおろした石鹸のくるっとカールした形が崩れるくらいまで）。

⑤大きな保存瓶に入れて保管する。使ったらフタをしっかり閉める！　飲み込むと危険なので、ラベルを貼り、誤飲する可能性のある子どもなどの手の届かない場所に置く。

洗濯時にホワイトビネガーを柔軟剤代わりに加えると、石鹸カスが服や洗濯機につきにくくなります。

10. 柔軟剤

ドライヤーボールを作りましょう！　水分を吸収してくれるので、乾燥時間も1割以上短縮。静電気を防ぎ、布地をふんわりやわらかくするので、市販のシートタイプや液体の柔軟剤の代わりになります。エッセンシャルオイルを垂らして、すて

きな香りを加えてもいいですね。

〈**つくり方**〉

①古いウールのセーターか、ウール100％の毛糸を準備する。

②カットしたセーター（または毛糸）をボール状に丸め、余りの毛糸を巻いてしばり、大きなオレンジくらいの玉にまとめる。

③相棒の見つからない靴下（必ずありますよね！）を引っ張り出してきて、さっき作ったウールの玉を中に入れ、口をしばる。

④フェルト状にする。ウールは、水と熱と摩擦が合わさるとすぐにフェルト化するので、洗濯機に入れてお湯で2回ほど回せば、しっかりフェルト状になるはず。洗濯機を使わずに、大きめの桶に温かい石鹸水をため（浴室か屋外に置きましょう）、昔ながらの洗濯板でゴシゴシこすってもOK。終わったら乾燥機に投げ込み、高温で乾かす。

⑤靴下の口をほどき、フェルト状になった玉を中から取り出す（しっかりフェルト化しているはず！）。

★使用時は、4回おきくらいに好みのエッセンシャルオイルを数滴垂らすと、洗濯物によい香りが移ります。

11．オーブンクリーナー

8番（109ページ）の万能シトラスクリーナーを覚えていますか？　これを水で半分に薄めたものをオーブンそうじに使ってみてください。どんな油汚れや焦げつきだって落ちるはず。しかも市販のクリーナーのケミカルなにおいも一切なし！

12. カーペットクリーナー

重曹を全体に薄く散らし、好みのエッセンシャルオイルを数滴垂らして、そうじ機で吸い取ります。カーペットがさっぱりします。ホウ砂も一緒に散らせば、カーペットの汚れが落ちます。ただし、ホウ砂は軽い刺激物で、吸い込むと危険なので、ペットや子どものいる家では注意が必要です。

13. 窓用のガラスクリーナー

ホワイトビネガーと水を1対2の割合で混ぜ、台所洗剤を数滴垂らして、窓そうじに使いましょう。ペーパータオルではなく、新聞紙で拭くのがおすすめ。ペーパータオルだと、ガラスに毛羽が残ってしまいます。

14. 食器用クレンザー(粉タイプ)

食器や鍋や鋳鉄にがんこな汚れがこびりついていたら、この「とっておき」の出番。わが家のお気に入りは、ティーツリーとラベンダーのオイルを10滴ずつ(またはお好みのエッセンシャルオイルをどうぞ!)、これをマリナーラソースが入っていた700ccくらいの使いまわしの瓶いっぱいに重曹を入れて垂らします。そう、これだけ! 悪魔のようにシンプルですが、天国のような使い心地! 本当に効くんです。何せ好みのオイルを入れていますから、香りも最高。瓶のフタにいくつか穴を開けて、シンク内の濡れたお皿に重曹を振りかけます。あとは手でこするか、または次に紹介する手作りたわしでこすれば、お皿もシンクもピカピカ! え、衛生面が気になる? 台所洗剤に殺菌作用はありませんよ。台所洗剤の仕事は、雑菌のエサと温床になる食べ物のカスを取り除くこと。そしてお皿の表面にくっついた油分やその他の物質を、次に使うときに触ったり食べたりしなくて済むようにきれいにすること。エッセンシャルオイル入りの重曹はこの2つの仕事をきっちりやってくれます。しかも、スポンジを使わずに指でこすれば、雑菌の住処をもうひとつカットできます。え、まだ心配？　そんなに言うなら、好みの台所洗剤をちょっぴり足しましょう。

15. たわし

使い古しのアルミホイルは、優秀なたわしです。丸めて使えば、1週間は持ちます。笑わないで！　本当に使えるし、いざペチャンコになったら、そのままリサイクルに出して（自治体の分別ルールに従います）、また次の汚れたアルミホイルをたわしとして使います。

16. フローリングワイパー

シート交換タイプを使っている人、いつまでも新しいシートを買い続ける必要はありませんよ。ふつうのぞうきんを巻き付けて（あるいは布おむつでも！）、洗って、また使う！

17. ペットボトル飲料

災害用持ち出しセットの準備でもない限り、「ただ喉が渇いたから」なんていう理由でペットボトル入りの水を買うのはもう本当にやめましょう。お願いですよ？　ついでにペットボトル飲料を全部まとめてやめてはどうでしょう？　だって、海岸に打ち上げられるごみで3番目に多いのはペットボトル。じゃあ4番目は？　ペットボトルのキャップです[7]！

多少の心がけは必要となりますが、外出時は常にステンレスやガラスのマイボトルを持参し、行く先々で水を補充して喉の渇きを癒しましょう。もっとファンシーな飲み物だって大丈夫。レモンの薄切りやミントの葉ひとつかみを足して水に香りをつけたり、アイスティーを淹れて詰めたり。とにかくお好みのドリンクを入れればＯＫ。

アメリカだけで、年間５００億本のペットボトルが捨てられていて、かなりの数が海に入り込んでいることがわかっています。もしあなたがマイボトルを使えば、１年間に１５６本ものペットボトルがごみにならずに済み、もちろん海に流れ出すこともありません。[8]

コンビニのドリンクへの依存を断つ！

私たち家族は時折、１マイル（＝１・６キロ）ほど離れた近所のお店に歩いて買い物に出かけます。大抵は道端のごみを集めるために袋を持参するのですが、その度に、ペットボトルや缶や紙パックなど、50個以上の飲料容器を拾うことになります。

２００９年、全米の美化運動に取り組む非営利団体がアメリカ２４０ヵ所の道路を調査したところ、道路１マイルにつき６７２９個ものごみが捨てられていることがわかりました。[9] また、53％のごみは自動車から捨てられていて、コンビニエンスストア周辺の道にはごみが11％も多く落ちていることがわかりました。落ちているごみの4~6割は飲料容器。別の非営利団体の調査によると、「アメリカ人が消費するペットボトルをつなげて並べると、27時間で赤道1周分になる」という数字もあるほど。[10]

残念ながら、家に安全な飲み水がない人もたくさんいます。[11] もし買った水に頼る必要があるなら、4リットルサイズの大型容器入りで買い、そこからマイボトルに詰め替えれば、お金の節約にもなるし、プラスチックごみも減ります。そうすれば飲み物を買っては捨てる習慣を断つことができます。ペットボトルや缶を製造するためにどれほどのエネルギーが投入され、有害物質や資源が投入されているかに気づけば、その必要性に疑問が湧くはず。マイボトルに飲み物を詰めましょう!

18. 食品用ラップフィルム

このベタベタと何にでもくっついてしまう薄いプラスチックフィルムはリサイクルも困難。残り物を保管するなら、できる限りガラスの保存瓶に入れましょう。またはボウルに平たいお皿をかぶせたり、どうしようもない時はアルミホイルを使って、何度も洗って使いましょう。最近は蜜蝋ラップという自然素材の代替品も人気です。176ページにレベッカのつくり方を紹介しています。

ポリ塩化ビニル、私はノー! 0

環境面だけでなく、健康面からもプラスチックをやめる意味はあります。最近では、プラスチックに含まれるフタル酸エステルと男性の生殖能力の間に相関関係があるという新たな研究結果も出てきています。[12] フタル酸エステルへの職業的な曝露（たとえば塩ビタイルなどのポリ塩化ビニル（PVC）製の床材工場の労働者）は、テストステロン（男性ホルモン）の低下を引き起こす可能性があるとの指摘もあります。[13] 男性の生殖器官は特にフタル酸エステルへの曝露に影響されやすいことが判明しはじめており、男性たち自身の健康にとどまらず、未来の世代にも影響が及ぶ可能性が懸念されます。

19. メモ用紙

メモはどんな紙くずにだって書けます。次回、家に届いた手紙を整理する時は、片面の白い手紙や広告は絶対に手放さないで！ 裏面をメモ用に、または普段使いのコピー用紙として使いましょう。こんな調子でやっていけば、メモ用紙なんてまったく買わずに過ごせます。ほかにも、封筒や、もうボロボロで使えなさそうな紙袋など、隅にちょっとした文章やメモを書き込めそうな紙があれば、何だって使いましょう。

20. 封筒

クッション封筒や分厚い封筒など、みなさんの家には本当にたくさんの封筒が届いているはずです。リユースしましょう。もし近所に仕事で封筒を必要とする人がいれば、ぜひゆずりましょう。住所ラベルを上から貼れば、十分仕事にも使えます。封筒の裏面に「この封筒をリユースしてください」と書き込み、リユース封筒であることを強調することもできます。大抵の人は、リユース封筒を喜んでくれます。クッション封筒は、引っ越し作業などのワレモノの緩衝材としても優秀です。気泡緩衝材と同じように使えます。

21. 包装紙・リボン

包装紙の代わりになるものは本当にいろいろあります。布、紙、袋、新聞紙、子どもの絵、古い地図、切り取った本のページ。私たちは毎年布袋をいくつも作って、ギフトバッグ用にしまっていま す。受け取ったギフトの包装紙やギフトバッグも、もちろん取っておいてリユースします。リボンも、贈り物を受け取ったらリユースしましょう。布切れやひもで自作してもいいですね。

22. バースデーカード／グリーティングカード

カードは手作りのオリジナルが本来の姿。ホールマーク社の商戦に毒されてしまっただけです。さあ、はさみを出して、きれいな紙と糊を使って、クリエイティブにつくりましょう！　切ったり貼ったりを普通に何度か繰り返せば、家に転がっている何でもないもの（雑誌、工作、シール…）がコラージュカードに早変わり！　こんなカードを受け取ったら、友人も家族もみんながよろこびます。子どもの絵は、特におじいちゃんおばあちゃん、おじさんおばさんには大人気！　もし家に画用紙や古いカードが余っていれば、さらにリユースのチャンスが広がります。この手法で1年中どんなカードも自作できます。

23. ギフト・タグ

前年に受け取ったカードをギフト・タグとして作り変えるのが私たちのスタイル。みなさんも、年間を通して受け取ったきれいなカードを使ってつくってみてください。よい文句の書かれたページを切り取って、オリジナルのタグにし、ギフトにつけます。

24. クリスマス飾り

毎年大切に使うので、家族で手作りするとすごくたのしいです。リーズルの家では、毎年ツリーに最低ひとつは新しい飾りを手作りするのが恒例。インターネットで「クリスマス オーナメント 手づくり」などと検索してみてください。家にあるもので簡単につくれます。リーズルの飾りは、古いCDやDVD、缶詰のフタ、人形の腕や足（まじめな話、カラフルなストライプにペイントするとキャンディの杖そっくり！）、松ぼっくりなどなど、ありとあらゆるものからつくられています。

25. ペン

ペンはその気になって探せば、どこにでもあります。試しに駐車場や道端をよく見てみてください。悲しいことに、そのまま置き去りにしておけば、車に轢かれて、あっという間にマイクロプラスチック化し、ドブに流れ込んでしまいます。ドブの水は一体どこへ行くでしょう？ そのまま川や海へ行くのです！ 落ちているペンはできる限り拾いましょう。そうすれば二度とペンを買ったり借りたりする必要がなくなるかもしれません。

第4の界

今、恐ろしい量のプラスチックが地球環境に――特に海に――入り込んでいますが、それは別段驚くようなことではありません。宅配便の箱からバラ緩衝材をこぼしてしまったり、風の吹く日にビニール袋が飛んでしまったり。それらが風に巻かれて吹き飛んでいくのを見送ったことはありませんか？　プラスチックは「分解しないように」作られています。だからこそ、消えてなくならず、いつまでもとどまり続けるわけです。プラスチック樹脂のそもそもの成り立ちを見つめなおせば、プラスチックがなぜこれほどあふれ返っているのか、理由はあきらかです。

プラスチックが広まったきっかけは1907年、ベルギーからの移民レオ・ベークランドが、「ベークライト」という自身にちなんで名付けた新素材（長大な正式名称は「ポリオキシベンジルメチレングリコールアンハイドライド」）を発明した時にさかのぼります。史上初の完全に人工的に合成された樹脂。硬いのに成型可能で、絶縁性、耐熱性、耐薬品性にすぐれ、とりわけ新興の電気産業や自動車産業に抜群の有用性を備えていました。科学が自然の「上を行った」のです。

プラスチックの語源は、ギリシャ語で「鋳造できる」を意味する「plastikos」。それは文字通り、革命的な物質でした。「動物界でも、鉱物界でも、植物界でも、これほど頑丈な物質は作り出されなかった」とベークライト社。「我々は第4の界をつくり出した。可能性は無限大だ」[14]。今、その「第4の界」は私たちの惑星を制圧しつつあります。人間自身のお墨付きの中、音もなく蔓延し、大惨事を引き起こしつつあるのです。

26. 緩衝材

自然の中で発泡スチロールのバラ緩衝材を目にするほど不快なことはありません。実際、発泡スチロール（ポリスチレン）はプラスチック汚染の主要因のひとつ。「やぶに分け入ってバラ緩衝材を一粒残らず拾いましょう」などと言うつもりはありませんが、間違ってもこれを買わないでいただきたいです。だって、そこら中の人たちが手元のバラ緩衝材を処分しようとしているのですから。必要なときはゆずってもらいましょう。お友達がたくさんできますよ。みんなバラ緩衝材を放出したくてたまらないのです。

27. 段ボール箱

なぜかみんなお金を出して買っていますが……この宇宙にひとつ「絶対にただで手に入れられるもの」があるとすれば、それは段ボール箱。買わないでください。もらいましょう。よろこんでゆずってくれるお店もたくさんあります。地域によっては、引っ越し用の段ボールをゆずり合うオンライングループもできていますよ。

28. ひも

私たちはもうひもは買いません。そのとおり、ありとあらゆるものからリユースできるからです。ひもはギフトエコノミーで簡単に手に入るもののひとつ。ため込んでいる人がすぐ近所にいる可能性は十分です。

29. 輪ゴム

輪ゴムはいろいろな商品にくっついてきます。それに――嗚呼またしても――道端にも落ちています。本当にそこら中に捨てられていますから、しゃがんで拾い上げましょう。たったそれだけの動作で、世界に紛れ込んだ輪ゴムたちを救出し、再び循環の輪に組み入れることができます。

30. プラスチック製のおもちゃ

子どものいる人にゆずってもらいましょう。頼めば、1箱でも3箱でも喜んでゆずってくれること請け合いです。おもちゃは、わが家の子どもたちがまだ小さかった頃、「絶対に買わない」と誓ったもののひとつ。子どもたちは何もわかっていませんから、「中古であっても彼らにとっては真新しいおもちゃ」を喜んで使ってくれました。特に声を大にして言いたいのが、水遊びのおもちゃ。本当にたくさんの水遊びのおもちゃが砂浜に置き去りにされ、波に打ち上げられています。いっそ、みんなが買うのをやめてくれたらどんなにいいか!

レベッカの家では、年代物のアルミや銅製のゼリー型が大活躍。夏は砂のお城づくりに、冬は庭のフェンスの屋外アートに変身。古いケーキ型や、金属製の計量カップやボウルなどの調理器具も、砂遊びや砂浜での宝探しに重宝します。

31. プラスチックストロー

プラスチックストローは、今やほとんど「地上の災い」です(もちろん「海の災い」とも言えますね)。ストローは、海岸で発見されるごみの第7位に堂々ランクイン。チューチュー吸って、プカプカ浮かぶ——何てムカムカする存在! しかも、金輪際地球上から姿を消すことはありません。小さなかけらに微細化して、海の生物に飲み込まれるのがオチ。ここはぜひとも、「くちびる」で飲みましょう。どうしてもストローがないと飲めないという人は、今次々に登場しているプラスチック以外の素材のストローを。ガラス製、竹製、ステンレス製、さらにはシリコーン製まで。そうそう、レベッカが使っているフェンネルの太い茎も、見事なストロー代わりになりますよ。

32. プラスチック製カトラリー

プラスチック製のフォークやナイフやスプーンも、よく海岸に打ち上げられるごみのひとつです。みんなが金属や竹のカトラリーを使えば、この地上の災いがすぐにひとつ減ります。使うのをやめましょう。金属製や竹製のセットをリュックやかばんに入れて、いつでもどこでも持ち運べば、プラごみ撃退の外出セットの完成。車のダッシュボードにも入れておきましょう。わが家は金属製のカトラリーを常に余分に集めておいて、誕生パーティや地元のお祭りなど、事あるごとに周囲の人にも使ってもらいます。どれほど多くのプラスチック製カトラリーが海に流れ込んでいるかを思えば、プラスチック製の使い捨てカトラリーはさっさと法律で禁止すべきです。

使い捨てプラスチック

文筆家スーザン・フラインケルは、プラスチック問題に踏み込んだ著書（Plastic: A Toxic Love Story／2011年／未邦訳）の中で、その静かな蔓延についてこう描写しています。「プラスチックは次々に伝統的な素材に戦いを挑み、勝利を収めてきた。鉄の自動車、紙やガラスの容器包装、木の家具。それらはすべてプラスチックに取って代わられた。1979年には、プラスチックの生産量は鉄の生産量を超えた。信じられないほど短い期間に、プラスチックは現代社会の骨となり、関節となり、すべすべの皮膚となったのだ[15]」。

私たちは、プラスチックと、それによってもたらされた便利さに中毒のように取りつかれています。プラスチックは、安く、万能で、軽く、丈夫で、腐食しない。でも、それが一体どこに行き着くのかはだれも考えなかったのです。フラインケルによれば、平均的なアメリカ人のプラスチック消費量は、1960年代には14キロ弱でしたが、2010年にはその10倍にまで膨れ上がり、売上高は3千億円を超えています。

プラスチックの大半はたった一度の使い捨てのために作られています。これら「使い捨てプラスチック」こそが、今、自然界をもっとも脅かしています。ストロー、コーヒーカップとそのフタ、ペットボトルとそのキャップ、プラスチック製のカトラリー、キャンディーの包み紙……。これが現状です。

33. 使い捨ての紙皿やプラスチック皿

もうわかりますよね。ちゃんとしたお皿を、ちゃんと毎日使ってください。そうすれば、紙皿なんて二度と買わなくて済むはずです。それに、欠けたりしても気にならないような、ピクニックなどのイベントに使えるお皿を1セット持っておけば、それ以上紙皿を買おうという誘惑はなくなります。誰だってちゃんとしたお皿で食べる方が気分もいいし、この惑星には既にそれだけのお皿が存在しているのです。だから、それを使うこと！　琺瑯のお皿とボウルは、わが家のキャンプの友。また、いただき物のヴィンテージのガラス皿セットは、野外コンサートやピクニックなど、夏の間大活躍します。

34. 使い捨てライター

みんな使い捨てライターを使いすぎです。今や煙草が禁止されている都市もあるし、喫煙人口も減少の一途をたどっていますが、それでもまだ無料の紙マッチを置いているバーやレストランはあります。それらを持ち帰れば、家での様々な発火作業に使えます。紙箱と木は再生可能資源。マッチは、あらゆる点火シーンに対応できるプラスチックフリーアイテムです。

35. 固形スープの素

野菜ストックを作るのはものすごく簡単。こんなすばらしいものが一体どこに隠れていたのだろうとびっくりしますよ。玉ねぎやにんにくの皮をむいたり、ズッキーニのへたやパプリカの中身を取り除いたり、ジャガイモの皮をむいたりしたら、必ずくずを取っておきましょう！　保存瓶に入れて冷凍し、毎日ためていきます。冷蔵でも構いません。そして、1週間に1回、鍋に水を入れて、その野菜くずをドバドバッと入れ、ハーブや塩をお好みで加えて、弱火で1時間ほどじっくり煮込みます。ざるで野菜くずを濾したら（くずはコンポストへ）、極上の野菜ストックのできあがり。いろいろなスープや料理のベースとして使えます。野菜を蒸すときも、下に残ったお湯をスープを作る際に混ぜ入れると最高です。

36. サラダドレッシング

覚えていますか？　バルサミコとオリーブオイルのシンプルなドレッシング。あるいはマスタードのビネグレット。保存瓶にあなただけのおいしいドレッシングを作りましょう！　たくさん作れば、1〜2週間持ちます。熟成して味も良くなり、サラダを食べない言い訳もなくなります。これはあっという間に作れるシーザーもどきのドレッシング。ぜひ試してみてください。必ず気に入ります。

①にんにく4〜6片をつぶし、保存瓶に入れる。

②エクストラバージンオリーブオイルを1カップ、ナンプラーを小さじ4分の1ほど加える。

③おろし立てのパルメザンチーズを半カップほど加える。

④赤ワインビネガー大さじ1〜2または164ページで紹介する自家製のお酢を加える。

⑤味を調整し、できあがり！

使うたびに、香りづけに少量のチーズを足すのがおすすめ。子どもたちも大好きなリッチなドレッシングです。

37. スパイスミックス

市販のミックスはあまりヘルシーではありません。塩分が多すぎたり、いろいろな添加物が入っていたり。ですから自分でつくりましょう、たっぷりと！　ものの数分で、何度使ってもなくならない量のミックスができますよ。リーズルのとても簡単なタコス用ミックスのつくり方を紹介しましょう（2カップくらいできます）。次の材料をすべて保存瓶に入れ、瓶を振ってよく混ぜます。あとは冷暗所で保存するだけ。

・チリパウダー120cc
・クミンパウダー80cc
・ガーリックパウダー小さじ3
・オニオンパウダー小さじ3
・粗びき胡椒大さじ1
・コリアンダーパウダー大さじ2〜3

・パプリカパウダー大さじ2
・塩大さじ1½
・赤唐辛子フレーク小さじ2
・オレガノ小さじ2

38．ハロウィーンコスチューム

1回しか使わないので、使い終わったら人にゆずるべきものの筆頭格。オリジナリティあふれ、親子のきずなが深まる手作業のひとつでもあります。工作魂に火をつけて、ゴジラのコスチュームのつくり方を考えましょう。または、ハロウィーンの2週間前まで待って、ほしいものを口にしてみてください。だれかのクローゼットに眠っているかもしれません。きっとよろこんで玄関先まで届けてくれますよ。

39．プランターや園芸用フェンス

容れ物は何だってプランターになります。単に想像力を働かせるだけ。食用の植物を育てる場合は、食品用途に使える容器を選びましょう。これまでに、ブラジャー、トイレ、自転車のヘルメット、くり抜いた切り株、バスタブ、おもちゃのトラック、ペンキ缶、ベビーシューズなどがプランターの役割を果たすのを目撃してきました。とにかくクリエイティブに！

プランター同様、園芸用フェンスも一風変わったリユースが可能です。私たちが使ったことがあるのは、棒、スチールベッドのヘッドボード、自転車のタイヤ、裏返したパラソル（布は外す）、アイアンベンチ、マクラメ織りのテーブルクロス、ワイヤーフェンス、ランプスタンド、古い椅子、杭垣、そしてもちろん、鶏小屋の金網！　もしこういったものが「まったく手元にない！」とか、特定の見た目のものをつくりたいという場合は、ギフトエコノミーでセカンドハンドのプランターを探しましょう。

40．育苗ポット

プラスチック製のものは避け、紙の卵パックを使ったり、あるいはトイレットペーパーの芯を半分にカットすれば、それも育苗ポットとして使えます。

マイクロプラスチック、そのマクロなる問題

プラスチックの海洋汚染と言えば、これまでは北太平洋環流の太平洋ごみベルト——テキサス州の2倍の面積に及ぶと言われる巨大な「ごみパッチ」（＝日本の面積の約4倍にあたる）——がもっぱら注目を集めてきました（訳注：巨大な海流の循環である「環流」によって、各地のプラスチックごみが特定の場所に集積し、プラスチックスープのような巨大な渦、つまり「ごみパッチ」が形成されています）。

でも、今やプラスチックの海洋汚染は、地球上の5つの環流すべてで確認されています。北太平洋環流、南太平洋還流、北大西洋環流、南大西洋環流、そしてインド洋環流。プラスチックは時間の経過とともに光分解し、細かな粒へと微細化します。その姿は、海の食物連鎖の中で重要な役割を果たす動物プランクトンに酷似。もはや海中のマイクロプラスチックの数は、動物プランクトンの数を上回っていると言われ、それがどんどん食物連

鎖を上昇し、私たちの身体に入り込んでいます。

研究によれば、海岸でサンプリングされるプラスチックの65%以上は、顕微鏡でしか見えないような微細なかけらだそうです。[16] つまり、海岸に落ちているプラスチックを無作為にサンプリングし、砂をより分けてプラスチックの粒だけを取り出した場合、100粒のうち、65粒は小さすぎて顕微鏡なしでは見えないということ。でも、ムール貝のように濾過摂食を行う生き物には、それがエサに見えてしまうのです。科学者たちは今、プランクトンの捕食者がプランクトン以上にマイクロプラスチックを摂取している可能性について、実態の解明を急いでいます。

これは、それらの生物を食べる者にとっては大問題。最近行われた研究によれば、何と北大西洋の魚が毎年2万4千トンに上るプラスチックごみを摂取しているそうです。[17] 事態は既に明らか。魚やムール貝がプラスチックを食べているなら、私たちも食べているのです。

41 発火剤

すごく簡単につくれるし、子どもにつくってもらってもたのしいです。洗濯機や衣類乾燥機にたまる綿くずと、紙の卵パックを取っておいて、170ページの手順に進んでください。（訳注：合成繊維の服の場合は、合成繊維、つまりプラスチックの綿くずを燃やすことになるので、この手法は微妙かもしれません。）

42. パズル

1000ピースのパズルを何日もかけてやり終えたとして、それを本当にもう一度やると思いますか？　少なくともすぐにやることはないですよね。ですから、パズルはご近所さんにゆずりましょう。私たちのコミュニティでは、「冬になったら2000ピース、1000ピース、500ピースのパズルをゆずり合う」という重要な倫理規範があります。

43. 家具のキズ防止カバー

家具の脚の引っかき傷から床を守るために、本当にいろいろなものが使えます。薄くスライスしたコルク、古いビーチサンダル、靴の中敷きなどがうってつけ。サイズに合わせてカットして、糊を少々つけるだけ。

44. タンポン

月経カップ（訳注：欧米を中心に広まっている新しいタイプの生理用品）を使いましょう。最初に一度買うだけ。もうこれ以上タンポンを買いにお店に走らずに済みますよ。払うお金の価値は十二分です。

45. 点火棒／多目的ライター

種火が既にある場所で、ろうそくやストーブに点火するだけのために柄の長い点火棒やライターが必要なら、よく乾いたスパゲッティやフェットチーネを代わりに使ってみてください。完璧に用が足ります！

46. 消臭剤／芳香剤

インゲおばあちゃんに倣って、新鮮なコーヒーかすを乾燥させてカップや袋に入れ、部屋や車の消臭剤として使いましょう（1～2日したらコンポストへ）。お茶がらや柑橘の皮を乾かしたもの、ラベンダー（生でもドライでも）なども効果的ですし、ホワイトビネガーをグラスやボウルに入れてそのまま置いてもよし。小瓶に重曹と好みのエッセンシャルオイルを数滴入れたものもおすすめです。

47. 赤ちゃんのお尻ふき

うちの小さな子どもたちが本当に小さかったとき、わが家は、水入りのスプレーと清潔な「お手拭き」（要はやわらかいぼろ布ですが…）で子どもたちのお尻を拭いていました。小児科の先生にもお墨つきをもらいましたよ。ちゃんとお風呂にも入っていましたし！　人によっては、オイルをほんの少し足したり（酸化しにくいタイプのオイルを選ぶ）、ベビーソープやベビーシャンプー、あとはエッセンシャルを1～2滴垂らすのが好きという人もいます。

48. たき木

私たちは冬に嵐が来る地域に住んでいます。いつも大きな枝がたくさん飛んできます。ほとんどの人は、敷地に飛んできた木をあなたが運び出すことを喜んで許可してくれるはず。友人のイングリッドのお父さんは、いつもカラフルなニット帽をさっと被って、嵐のあとの道路に飛び出して行き、みんなが通れるよう、散らばった枝を拾い集めます。家も暖まり、道路そうじの助けにもなる。もちろんお金は一切かかりません。

49. 風船

風船は吹き飛びます。本当です。手を離せば、ついているリボンごと飛んでいき、木にからまるか、海に落ちるか。リボンは海藻に巻きついて、アザラシやウミガメが窒息死してしまうかも……。パー

BUY NOTHING

ティやイベントに風船を使うのはもうやめて、代わりにカラフルな旗を飾っては？　旗なら繰り返し使えるし、素材は布切れですから、風で吹き飛ばされても有害ごみにはなりません。私たちは余り布とバイアステープで手作りしています。テープの中央に沿って布用ボンドを点々とつければ、縫う必要もありません。

50. にんにく絞り器

こんな小道具はやめにして、すりこぎ形の石でつぶしましょう。リーズルはもう15年くらい使っていますよ。ネパールの友人は台所に2つの石を置いていました。ひとつは平たく、台になるもの。もうひとつは筒形で、つぶしたり、砕いたり、すりつぶしたりするもの。にんにくや唐辛子、麦、スパイスなどを平たい石の上に乗せて使います。もし森の中ですりこぎに使えそうな石を見つけたら――あるいは庭や近所の川辺でも――にんにく絞りに使うことを考えてみてください。石器時代の精神で！　たった一撃で皮は外れ、もう一撃でぺっちゃんこ。らくちんらくちん。

よそ行きを日常に

「よそ行き」のつもりでしまい込んでいる宝物、ありませんか？　本当に使っていますか？――、図星ですよね。これらの素敵な宝物を、今こそ棚の外に出しましょう！　人生は短いのです。罰は当たらないと思いますよ！

親世代から子世代へ。持ち物はどんどん受け継がれます。お客様用の食器セットなどを引き継いで、「きちんとしまっておかなくちゃ」と感じている人も多いのでは？　でも、上等なものを失いたくないばかりに、そして壊したくないばかりに、結局それらの本当のよろこびを味わえずにいるなんて……何てもったいない！

リーズルはひいおばあちゃんの上等な食器をずっと使い続けています。小学生の子どもたちにも使わせましたし、質素きわまりない食事にも使ってきました。食洗機にも入れられるので、むしろ使わない手はないのです。たしかに、1年半ほど前に1枚割ってしまいました。でも、糊付けしたら、まったく見劣りしないし、むしろ愛着も湧いたくらい。

ワシントン州に住むナタリアは、みんなが遺品を使わない悲しさについてこう書いています。「何度か、親族の遺品整理をする機会があったの。いちばんつらかったのが、しまい込まれた「よそ行きの品」。特に悲しかったのは、飾り棚に並んだまま、ついぞ一度も使われなかった義母のワイングラス。そのまた義母から受け継いだもので、その義母も飾り棚に並べたまま、一度も使わなかったみたい。ドイツやイギリスの食器だってあった。食事に呼ばれると、料理はいつも、ガレージセールで見つけた古ぼけたプラスチックのお皿に乗って出てきたの」。

さあ、キャビネットやクローゼットの中で埃をかぶっている「よそ行きの品」に光を当てて、今日から存分にたのしみましょう！

洋服

上等な服を「よそ行き」に取っておくのはやめましょう。素敵な気分になる服があるなら、どんどん着ることです。会議、仕事、友人との会食。いい服ばかり着ていれば、「そんなによくない服」はそんなにたくさん必要ないはず。

アクセサリー

何年もつけていないブレスレット。なくすのが怖くてずっとしまってあったイヤリング。さあ、つけましょう。つけなければよろこびは生まれません。この先もう身につけることはないと確信したなら、これを機に、大切な人にゆずってしまいましょう。鉄は熱いうちに打て。受け取った人が、身につけるたびにあなたのことを思い出してくれますよ。

化粧品／香水

「スパに行くなら今日行こう！」——16年前に息子を生んでから、リーズルは大切なペパーミントオイルをしまい込んでいました。「そのうちゆっくりする時間が取れたら使おう」。それはずっと洗面所のキャビネットに鎮座し続けていました。そして、家族と一緒に3度も引っ越し、国を縦断。その後、やっとのことでリーズルは悟ったのです、「使わねば！」と。しまい込んであるあなたのバスオイル、入浴剤、角質除去クリーム、お香、とっておきの香水。さあ、使いましょう。熟成して質が高まる種類のものではありませんから。

食べ物

今こそ、食料棚に踏み込んで、「いつかのご馳走」のために出番を待っているものたちを引っ張り出しましょう。そして、いちばんおいしい方法で、今食べましょう。賞味期限切れになって、だれかの鶏にやる羽目になる前に！

花瓶

ほら、使わずにキャビネットにしまい込んでいてはダメですよ！　花瓶には、ビーチグラスや川辺の石を入れて飾ってもよいのです。それから、洗濯の日にみんなの服のポケットから出てきたものを入れてみたり（中が見えるタイムカプセルみたいでなかなかたのしいです）。あとは、羽、小枝、ビー玉。そして、「買わない暮らし」で使わずに済んだ小銭！　あ、もちろん花も生けてくださいね。

ろうそく

ろうそくは平日のディナーを特別な時間に高めてくれます。そのスラッと長いキャンドル、やって来ないかもしれない〝いつか〟のために取っておくのはやめましょうね。今、使いましょう。燃え尽きてしまったら、ギフトエコノミーからまたゆずってもらえば（あるいは手作りすれば）よいのです。

ワイングラス

クリスタルは外に出すべし！　〝そのうち〟企画する予定のおもてなしディナーのために取っておくのはやめましょう。せっかくのいいグラス。ワインを、コンブチャを、そしてスパークリングウォーターを注いで飲みましょう。そうすれば、素敵で上品な気分になります。レベッカの子どもたちは、ギフトエコノミーでゆずってもらった素敵なグラスで水を飲んで育ちました。割ったのはひとつだけ。上等なグラスは、「大切に扱おう」という気持ちを湧きあがらせるので、思ったよりもずっと長持ちするのです。

銀食器

幸運にも所有しているなら、ぜひとも使ってください。引き出しに眠らせて、輝きを曇らせてはならじ。1週間に一度は使いましょう。あるいはもっと大胆に、すべての食事に使いましょう。こんなに特別なものを箱詰めのまま楽しまないなんて、あまりにバカバカしい！

日記帳

美しい、創造力をかき立てられるような日記帳。何冊も買ったのに、ふさわしい内容が書けなくて、何年も本棚に置きっぱなしなのですね？　何でもいいから書きましょう！　やることリストだっていいのです。仕事の予定とか、日々のメモとか……。

リネン

まさか、いちばんいい羽根布団やベッドカバーや枕やシーツやリネンのナプキンを、めったに来ない伯母さんが来たときのためにしまい込んでいるわけですか？　いちばん上等なものを自分のためにこそ使いましょう！「だれか」や「いつか」のために取っておく必要なんてないのです。だって、その「だれか」は「あなた」だし、その「いつか」は「今」なのですから！

やってみましょう！
「リユース＆リフューズ」

ここでは3つのチャレンジを用意しています。

まずは「リフューズ」。上に挙げた「2度と買わない50のアイテム」から5つを選んでみてください。苦もなくできることにしてくださいね。たじろぐような挑戦にしてはいけません。買わない暮らしは、生活をシンプルにし、気分がよくなり、お金の節約にもつながるべきなのです。苦しみをもたらすようなものにしてはダメ。この基準を満たすものからはじめてみてください。最初の5つが普段の買い物から除外できるようになったら、次の5つに進んでみましょう。オリジナルのアイディアも加えてみてくださいね。

次に「リユース」。1日だけ、普段だったらすぐにごみ箱やリサイクル箱に投げ込んでしまうはずの使い捨てのパッケージや紙製品などを捨てずにキープしてみてください。大丈夫。ずっとキープしておけなんて言いませんから。その中からリユースできそうなものを3つ探してみてほしいのです。

よく出るごみは、たとえばガラスやプラスチックの瓶類、紙袋にビニール袋、テイクアウトの割り箸やフォークやスプーン、グリーティングカード、ダイレクトメール、そして仕事関係のどうでもいい書類など。使い捨て製品は、どれほど意識して締め出そうとしても、いろいろな形で入り込んできてしまいます。なので、いっそシステムを逆転させて、それらをリユースしてみてください。たとえば、ダイレクトメールや会議の議題書の裏に買い物リストや日記を書きこんでみる。また、昼ごはんの割り箸を、だらりと垂れた部屋の鉢植えの支柱として使う。

シュレッダーくず入りの袋を、大学生の姪に送るお菓子の箱の緩衝材として使う。さらにもう一歩、プレゼントに仕立ててみたってよいのです。空になったコンブチャのボトルに新しい水を入れ、かわいい花を一本挿して、同僚の机に置いてみてください——ただささやかな無料の美をゆずるよろこびのために。

最後は、「言葉を広める」。リフューズとリユースの持つ「変える力」。それをもっと生かすには、たのしさの輪を広めることが大事です。SNSでたのしい写真をシェアし、みんなにもシェアしてもらいましょう。この本の余白に書き込んで、人に貸してあげてもいいし、何かの会のお題に盛り込んでみてもいい。自分にいちばん合ったやり方を考えてみてください。誓って言いますが、みんな、リフューズとリユースが大好きになりますよ。「そんな考えがあるんだな」と知ったら最後、たのしくてたまらなくなるのです。

ステップ4「考える」

キムの話

買い物って、たぶんストレスや退屈を紛らせているだけなんだと思う。一度それがわかったら、簡単に踏みとどまれるようになった。
（キム／カナダ）

「買わない暮らし」と言っても、それは「必要なもの」や「大好きなもの」まで断つべきだという意味ではありません。この章のテーマは、「買う前に立ち止まって考える」。これは「買わない暮らし」のマインドを深める上で、とても大切なポイントです。何かを買おうとする前に、シンプルに自問しましょう。「買う以外の方法でも目的は達成できる？」「それとも、買わなければムリ？」もちろん、「買わなければムリ」な場合だってあると思います。でも、それ以外にも本当にいろいろなオプションがあるわけです。

ここで強い味方となるのが、「買い物のピラミッド」。以下のオプションには、それぞれほかにはない価値とメリットがあります。たとえば、「なしで済ませる」、「あるものでまかなう」、「つくる」、「借りる」、「中古をゆずってもらう」、「新品をゆずってもらう」、「レンタルする」、「中古を買う」、「使い捨てでない製品を買う／耐久性にすぐれた製品を買う／複数の用途に使える製品を買う」。考えるくせはすぐにつきます。選ぶ答えは、その時々の状況や要素によって毎回ちがうはず。それでいいのです！

「既にあるもの」を使えば、そのたびに、必ずひとつ新しい消費が減ります。製造、流通、限りある資源の消費、汚染の増大。これらが丸ごと減るわけです。そして、そのための選択肢は年々増えています。まずは何千ものギフトエコノミー。さらに、洋服だって、家具だって、今やあらゆるものがレンタルでき、国際的な中古品のオンラインマーケットまである。もしあなたが「新品の○○を何が何でも買うんだ！」と言うのなら、よもや悔いを残すことのないよう、よくよく考え抜いた上で買ってください。「買わない暮らし」はひとつの行動であり、ライフスタイルです。よく考え、少しがんばりさえすれば、買わなくてもきっと見つかります。身の回りには既にモノがあふれているのです。

お店に一歩も足を踏み入れなくても、びっくりするくらい多くのものが手に入ります。これはもちろん良し悪しで、今やごみ処理場ばかりか、至るところにありとあらゆるモノが捨てられている（これは悪い面）。でも、だからこそ、ちゃんと探し回りさえすれば、必要なものはほとんど何だって見つかりま

す（これはいい面）。

わざわざギフトエコノミーに頼るまでもなく、本当に様々なちょっとした小物や雑貨――たとえばペンやヘアゴム、輪ゴム、鉛筆、クリップなど――が至るところに散らばっています。駐車場、学校の付近、道端、歩道…。（母なる大地は、今や私たちに食べ物や住む場所のみならず、事務用品まで与えてくれる時代となったわけです！）子どもたちはお店なんかに行くよりも、こうして拾う方がずっとたのしいと思うはず。それは言わば「無料の宝探し」。アドレナリンと発見のワクワクをかき立てる最高の娯楽です。もちろん、子どもたちが駐車場でペンを拾うのを好ましく思わない親御さんもいるでしょうね。大丈夫。拾うだけが「買わない暮らし」ではありませんから。

私たちはふたりとも、まるまる1年、1着の服も買わずに過ごせてしまうことがほとんど。なぜなら、ギフトエコノミーの「ラウンドロビン」や貸し借りだけで、必要な分以上の服が手に入ってしまうから。「ラウンドロビン」とは、不用品（＝サイズが合わなくなった服や二度と着ない服など）を箱に入れて、リストの次の人に回していくという仕組み。箱は順番に回っていき、受け取った人はそこからほしいものを抜き取り、自分のクローゼットからも入れられる服があれば箱に追加します。台所用品や園芸用品、ぬいぐるみ、子どものおもちゃ、化粧品などにも使えますが、特に服には抜群の効果を発揮します。

会社や組織で働いていると、ラウンドロビンはすごく助かります。安い服にどんどんお金を注ぎ込まなくても、新しい服を着られるわけですから。服装が重要な仕事はたくさんあります。これからバリバリ仕事をしていこうとする女性たちにとっては、最初のスーツや仕事着の購入はとてつもない通過儀礼。これらの大切な服をラウンドロビンで入手できれば、素敵な服で仕事もはかどり、しかも、稼いだお金がそっくりそのまま節約できます。さらに、そうやって服を手に入れることで、人の善意や、新しい友人との出会いのチャンスといった付加価値までもが一緒についてきます。

というわけで、私たちは新しいものを「手に入れない」のではありません。単に「買わない」だけ。ギフトエコノミーで見つけるのです。よろこびは減りません。中古の服かもしれないけれど、そもそも新品を買ったって、どうせすぐに中古になるわけですから、結局は同じこと。しかも、「こんな掘り出し物を見つけた！」ということで、うれしさはむしろ大きいという意見さえあります（掘り出し物好きなみなさん、よく聞いてください！）。とは言え、筋金入りの買い物好きの人たちにとっては、これも一種の拷問のようにしか聞こえないかもしれません。まずは騒がず、続きを読んでください。

買い物の高揚感

「とにかく買い物の丸ごと全部が好き！」という人、いますよね。あなたもそうでしょうか？　たとえば、毎週最低1着は服を買うとか……。お店に行って理想の掘り出し物を見つけたり、家にいながらゆったりネットショッピングをたのしんだり。2017年、アメリカ人はひとりあたり10万円以上を衣類に費やしたそうです。数で言えば、ほぼ66着！　2000年の金額より約20％増えています。

多くの人は、「新しく何かを買う」という行為に動かしがたい高揚を感じます。ほしいものを買うと、とにかく気分がいいわけです。隠れたお宝を探し当てる感覚。家族に買ってあげられる有能感や安心感。大切な人に理想のプレゼントを見つけるワクワク。キャリアに必要なものを買い求める誇り——。

あなたが最高のサマードレスを見つけたときに感じ

るうれしさは、頭の中だけにとどまりません。買い物をするたびに、ドーパミンが私たちの全身をかけめぐるのです。でも、このまったく同じドーパミンの発動が、ギフトエコノミーに参加しているすべての人たちの中にも起きています。重要なのは、「買う」ことではなく、大切なものを手中にできるという「期待感」。その期待感を、もし友人や近所の人から、お金の介在しないギフトの形で受け取ることができたら、それはお店での買い物には到底及びもつかないようなメリットと言えます。

もうひとつわかっておく必要があるのは、このドーパミンの〝裏側〟。つまり、輝かしい新品の品物を家に持ち帰ったあとにやってくる「気持ちの落ち込み」です。不思議なことですが、「何としても手に入れたい」と思い込んで買ったものが――靴にしろ、花瓶にしろ、テーブルにしろ――ひとたび手に入れてしまうと輝きを失うのはよくあること。家にしばらく置いておくと、ろうそく立ても、壁掛け鏡も、あっという間に新鮮味が薄れ、あなたはそれらが期待したような魔法の力を持っていなかったことに気づきます。それらがあっても、あなたの人生は変わらなかったし、住空間も変わらなかった。ただ単に、クローゼットや家の中にひとつモノが増えて、余分に場所を取っただけ。

そして、これこそギフトエコノミーがもっとも強さを発揮する部分です。友人たちとの服の交換会で新しい服を手に入れるとき、さらに近所の人たちから新しい台所用具や装飾品や本をゆずり受けるとき、私たちは「新しいモノ」だけでなく、「人との新しいつながり」をも手にしています。もちろん、時には顔も合わせず、玄関先や会社のデスクにモノだけを置いて受け渡すような場合もあるでしょう。でも、そんな時でさえ、わざわざ連絡を取り合って、お互いのニーズを満たせたという事実――そこには、お店での買い物からは滅多に（「まったく」とまでは言いませんが）得られない種類の深みが存在します。

ひとつやり取りが行われるたびに、つながりのネットワークに新しい結びつきが築かれます。そのことによって、私たちは現実世界の中で、より一層守られ、目を向けてもらい、耳を向けてもらい、価値を認めてもらえる、そんな変化が進むのです。そしてたぶん、こういった魔法のような力こそを、人々は探し求めています。みんな、疎外感からくる空しさを埋めようと、ショッピングカートをモノで埋めています。でも、このままでは、間違ったものを間違った場所で買っているだけ。もちろん、モノをたくさん持つのがいけないわけではないですが――ほしいものや必要なものを全部あきらめる必要はありません――「買わない暮らし」をすることで、私たちはお店で普通に買い物するよりもずっと深い心の欲求に向き合うことができるはずです。

でも、買い物が「単純にものすごく好き」という人はどうなのでしょう？　あるいは、何かが「ほしくなる性分」で、それを言い訳に買い物をしているタイプの人は？　もしかしたらあなたかもしれませんが、これは結局、「手に入れる高揚感」を求めているに尽きます。「家族が必要と言っているから」とか何とか言いつつ、探して、見つけて、射止めて、集める、その挑戦を愛しているのです。あるいは、ほしいものをいちばんうまく――たとえば安く――手に入れるワクワクを愛しているのでしょう。というわけで、ここはぜひ一度立ち止まって、自分自身の「物欲」を深く見つめなおしてみましょう。自分が買いたいと願っているものは何か。そして、その欲求の下にある本当の理由は何なのか。驚きの事実が隠れているかもしれませんよ。

ステップ4．「考える」

さて、既に「ゆずる」「受け取る」「リユース」「リフューズ」に取り組んできました。さあ、今度は考える時間！　私たちはみな、モノとの間に複雑な関係を抱えています。「買わない暮らし」にチャレンジすることで、その複雑さが明るみに出てきます。それを考えることは、「買わない暮らし」に取り組む中で、もっとも驚きに満ちた、示唆的な経験となるはずです。

たとえば、「ぜいたくできるほど金銭的な余裕がない」という人。そんな人にとって、「買わない暮らし」はひとつのセーフティーネットとしても機能するはずです。一方、時間的にも精神的にも忙しすぎて、「とにかくどんどん買わないと立ち行かない」という人。「母＋妻＋家族＋家事＋仕事＋友人」と目まぐるしく動き回るには、「とにかく買うのがいちばん簡単！」というパターンですが、これら気軽にどんどん買う人は、「買わない暮らし」によって、行動に大きな変化が生み出されるはずです。また、空しさを埋めるために買い物をしている人。買うことで、「自分はきれいだ」「有能だ」「友だちもいる」「注意を向けてもらえる」「人の役に立てる」「自分はこれでいいんだ」「充実したたのしい人生を送る価値のある人間だ」と確認したいわけですが、「買わない暮らし」はまさに、「古いもの」から「新しい友情」や「安心感」や「たのしい時間」をつくり出す営み。みんなのやさしさを結集し、たのしいコミュニティを築くチャンスまでもが広がります。

モノには様々なストーリーがあり、ひとりひとりにとっての意味も千差万別です。でも、どんな状況の中でも、「買わない暮らし」は私たちに自分自身をより深く知る機会を与えてくれます。そして、物質面からも精神面からも、より幸せに生きるチャンスを約束してくれます。こんなことを言うとまるで矛盾のように聞こえるかもしれませんが、どうか聞いてください。まずは、心が欲するすべての願いを外に出してほしいのです。その上で、「ほしい／もっとほしい」という自分の物欲の大もとにあるものを検証してください。私たちはそれぞれ意識レベルの欲求を持っているし、また、隠れた潜在的な欲求も抱いています。そこからたくさんの物欲が出てくるわけです。この〝隠れた部分〟を外に出すことで、私たちは初めて、モノのため込みをコントロールし、手放していくことができます。

また、「ギフトエコノミーはややこしそう」「面倒くさそう」というイメージから、「買った方が簡単」と感じてしまう人もいるでしょう。そのとおり、仕事を持つすべての忙しい現代人にとって、求めるものをどれだけ効率的に手に入れられるかは死活問題です。そして、一見したところ、「人とのつながり中心」のギフトエコノミーは、「利益中心」の市場経済より遥かに時間的効率が悪いように見えるかもしれません。たしかに、身の回りにギフトエコノミーのネットワークを築いていく途上においては、オンラインでほんの一瞬で買うよりも、求めるものの入手に時間がかかってしまうのは事実です。

でも、これは本当に繰り返し見てきているから言えることなのですが、ひとたびネットワークができあがって安定してしまえば、ギフトエコノミーは驚くほどスピーディーにあなたの望みをかなえてくれます。だれかが希望の品を書き込み、返事があり、モノの受け渡しが行われるまでの一連の流れが、1時間以内、あるいはその日のうち、その晩のうちに完了することもしばしば。これはネットショッピングの「翌日配達」はもちろん、いちばん近いショッピングセンターに歩いていくよりもスピーディ。こういったネットワークを立ち上げるには、最初はそれなりの時間を使って、ゆずったり、希望を書き込んだり、自分自身が役割を果たすことが欠かせません。少し考えをめぐらせて、自分自身が「これならできる」と思うアクションを見つけ、自分自身のペースで、日々を支えてくれるパワフルなネットワークを築いていってほしいと思います。

昔からよく「値段はウソをつかない」「払った分だけ結果が返ってくる」と言いますが、「買わない暮らし」にもまったく同じことが言えます。「行動はウソをつかない」「動いた分だけ結果が返ってくる」。「買わない暮らし」は、それぞれの価値観や目的に応じた関わりが可能です。モノがほしければ、もちろんモノが手に入ります。モノを減らしたければ、もらってくれる人（＋あなたに感謝してくれる新しい友人）が見つかります。ショッピングモールめぐりやオンラインショッピングの時間を減らしたければ、それも達成できます。そして、そのすべてにさらなる付加価値がついてきます。それは、住んでいてたのしくなるような、やさしく思いやりのある世界。しかも、お金をつぎ込む必要すらありません。あなたの古い持ち物や、既に持っている技術をつぎ込めばよいだけ。あとは、何かがほしい時、いきなり買わずにギフトエコノミーに尋ねるほんのわずかな時間。たったこれだけの〝投資〟で、よりどりみどりの利益が返ってくるわけです。

今までの買い物とはかなり違う習慣を作り上げるわけですから、最初はどうしても、効率的でないように思えるでしょう。でも、ひとたびそれが習慣化してしまえば――そして、買い物が「とりあえずするもの」でなく「最終手段」となってしまえば――ギフトエコノミーの様々な効率性に気づかされることになります。

UCLAの考古学者チームによる32家族の調査を覚えていますか? どの家にも、「30万」という途方もない数のモノがあり、その多さに母親たちはストレスを感じていました。さらに、ほとんどの家は、多すぎるモノを「ガレージ」という名の新たな物置きに詰め込んでいました。とても興味深い結果ですが、調査世帯のガレージの75%は、家からあふれ出たものでぎゅうぎゅう詰めとなり、駐車場としての機能を果たせていませんでした。詰め込まれていたのは、量販店で大量買いした半年分の漂白剤やトイレットペーパー。さらに「いつか売り払う」つもりの思い出の品。ついぞ実現しない修理や計画のためにしまい込んだもの。こんな状態では探し物もできないし、そもそも「あること」さえ忘れてしまって、みんながガレージや屋根裏の中身とまったく同じものをもう一度買ってしまうのも当然の話です。

買わずにギフトエコノミーからゆずってもらうことには、さらにもうひとつメリットがあります。希望を人に伝えようとする中で、それを本当に自分が欲しているのかどうか、脳が自然に「考える」のです。そうなると、かなりの確率で、伝え方を考えているうちに、既に持っている別のもので代用できることに気づいたりする。そして、いざ「これはやっぱり絶対に必要だ」と結論が出たら、近所の人や友人からゆずってもらう方が、わざわざインターネットやお店で買うよりも、ずっと早いし簡単だったりする。このように、「希望を言葉にし、考え、モノを受け取るまでに費やす時間」は、実際的な意味でも、また、より深い長期的な意味でも、必ず実を結びます。

買う前に「考え」、買わずにギフトエコノミーに「頼む」ことで、私たちはモノの下に隠れているストーリーや感情によりしっかりつながることができます。自分自身のことがより深く理解でき、モノを持つという選択に関して、よりたしかな、よろこびある決断ができるようになります。安心してモノを手放し、必要なものはゆずり受け、より人と分かち合えるようになるのです。

リーズルの「痛恨のドレス」

4人兄弟のいちばん下だった私。何もかもが兄や姉のおさがり。だれも使っていない、だれも着ていない、「自分だけのもの」を持つことはめったにありませんでした。自分のものはいつだって「お兄ちゃんやお姉ちゃんのもの」。そして、お兄ちゃんやお姉ちゃんのものは――兄妹のありがちな構図ですが――私は触らせてもらえません。

ティーンエージャーだった頃、私は姉のピンク色の水玉のフラッパードレスが着てみたくてたまりませんでした。とにかくそのドレスが大好き。それなのに姉自身はろくに着もしません。ある夏の日、姉が遠出をして留守をした隙に、私は彼女のクローゼットに忍び込み、そのドレスを〝ちょっと借りて〟友だちと出かけてしまいました。我ながらよく似合い、姉のように賢く美しくなった気分に酔いしれつつ、ばれるのが心配で、ゆったりたのしむどころではありませんでした。しかも、あろうことか、うっかり小さなしみをつけてしまったのですが、これはさすがに見つからないだろうと思いました。

1ヵ月後、ドレスを手に握りしめて部屋に入ってきた姉の声のトーンから、すぐにばれたことがわかりました。今まで一度もしたことのない、どうしようもないことをしてしまって……その時はもう2度と許してもらえない気がしたものです。

この経験は、私のモノとの関わりを永遠に変えてしまいました。もうモノに執着するのはやめようと思ったのです。理由はよくわからないけれど、不思議と解放感を覚えました。私は友人にモノをどんどんゆずり、貸し出し、そして、交換やゆずり合いをたのしんでくれる友人たちと深くつながりました。いちばん大切なものさえも貸し出し、「持つ」と「手放す」の間のピンと張りつめた境界線を追い求めました。そして、貸したら最後、2度と戻ってこないかもしれないという感覚を心の中に落とし込みました。姉はこの行為を「無責任だ」と言い、持ち物の管理ができていないと私を非難しました。ある意味、彼女の言う通りでした。私はとりつかれていたのです。人に貸し出し、手放し、その結果、モノとの関わりがどうなるのか。それを見届けるおもしろさの虜になっていたのです。

最終的に失ってしまうものでも、それらはやっぱり「私のもの」なのか？　あるいは、一時的にたのしみ、私をほかの人につなげてくれるだけの存在なのか？　私は末っ子だったので、そもそも自分のものが「本当に自分のもの」だったためしがありません。だから、モノを持ち続ける必要はまったく感じなかった。もちろん、数少ない自分のもの――たとえば、夏にコルシカで買った大切なイヤリングや、自分で縫った手作りのドレス――をゆずるのは、さすがに最初は大変だったけれど、最終的には、モノ自体は手放しても、友人がよろこんで身に着けてくれることをうれしく感じるようになりました。だって、世界にはこんなにもたくさんのイヤリングがあるのです。ドレスだって、またいくらでも作れます。私が学んだのは、たくさんゆずればゆずるほど、もっとゆずりたくなるということ。その気持ちよさはやみつきになるものでした。モノを持つことで生じる疎外感や分断を知った私は、自分自身の「持つ」や「ほしい」から、すべての力を抜き取ってしまおうとしました。何かをほしくなったり、ため込みそうになったりすると不安になり、もっとゆずらなければと、より一層駆り立てられました。

30年あまりが経過して、私の実験は今も続いています。わが家の日用品はすべて近所の人からゆずり受けたもの。それが私にとってはいちばん自然。もはやそれ以外は考えられません。なぜなら、今や私はゆずり合いを自分の一生の学び――モノを手放し、分かち合うことで見えてくる純粋な充足感や、偶然の祝福、そしてよろこび――を映し出すものとして捉えているからです。

やってみましょう――「考える」

「考える」ことによって、自分自身の潜在的な欲求や不安の正体が浮かび上がり、それらに正面から向き合うことができます。ろくに考えもせずにモノを買い続ける日々の裏にあるものは何か？　欲求の裏にある隠れた動機は何か？　寂しさ？　退屈？　それとも、欠乏への不安や羨望の気持ち、傷つくことへの恐れ、低い自己肯定感、あるいは疲れ？

次に「何かを買わなければ」と思ったら、ぜひ次の10の質問に答えてみてください。

モノを買う前に考えるべき10項目

① どんなきっかけで知ったか？　もともとほしくて、自分で探したのか？　それとも広告で目にしたのか？

② こわれるまで大切に手入れするつもりがあるか？（ドライクリーニング、ほこり取り、洗濯、オイル挿し……）

③ これを持つことで、より健康に、より強く、より魅力的に、あるいはより賢くなれるか？　これを買う以外の形でそれは実現できないか？　これを持てば実現するのか？

④ 保管場所はどうするか？　十分なスペースがあるか？　ほかの持ち物を取り出す邪魔にならないか？

⑤ 自分でつくることはできないか？　既に持っているもので代用できないか？

⑥ 壊れたら修理したいと思えるか？　修理代金を支払う気があるか？

⑦ 既に持っているものの代わりとして買うのか？　古いものはどこがおかしいのか？　なおしたり、きれいにしたりできないのか？

⑧ 買うのを待てないか？　どのくらい待てるか？（1ヵ月？　1年？）

⑨ 本当に必要なのか？　あるいは単にほしいだけか？　欲求の裏に隠れたニーズがあるのか？　もしあるなら何か？　買う以外の形で実現できないか？

⑩ 以上すべての質問に答えてきて、やはり必要だという結論になった。でも、絶対にお金を使わなければいけない理由はあるか？　無料のものでもよい場合、一生手元に置く必要があるか？　借りるだけで十分か？　新品でないと危険か？　中古でもよいか？　新品で

あっても中古であっても、ギフトエコノミーにお願いできないか？　どうしても必要な場合でさえ、「必要である」と「買う必要がある」が同じ意味である必要はない。

次に買い物をする際は、事前にこれらの項目について自問し、隠れた欲求がないか考えてみてください。考えを書き出したり、友人やギフトエコノミーの仲間と一緒に話し合ってみてもよいでしょう。この「自己との向き合い」を通して、どれだけ自分自身のことが見えてくるか。そして、頼れるコミュニティの存在がどれだけ助けになるか。きっと驚かされるはずです。

もうひとつ、隠れた欲求を突き止めるためのテストを紹介します（1〜2人の友人と一緒にやるとより効果的）。ほしいものをすべて——本当にすべて——手に入れられると想像してください。リストを作り、大胆に、形のあるものと形のないものを両方考えてみてください。できあがったリストを脇に置き、休憩を取ってから、自分の究極のリストから何が読み取れるか、どんな人生の希望が浮かび上がるかを観察していきます。「形あるもの」の中で、あなたの幸せな思い出と結びついているものはありますか？　また、あなたのより深い（形のない）欲求のシンボルと思われるものはありますか？　形のない夢の実現のために必要なものやスキルはありますか？　自分の時間がもっと必要ですか？　あるいは家族や友人との時間？　冒険？　安心感？　ストレスがないこと？　わかったことを心にとめつつ、家に置きたいものと、人にゆずってしまいたいものを見分けていきましょう。

ステップ5 「つくる＆なおす」

「経済（エコノミクス）」という言葉は、もともと古代ギリシャでアリストテレスが用いた「家政（オイコノモス）」という単語に由来しています。近代以前の社会では、多くの場合、生産や消費の中心は家庭でした。経済とはつまり、家族みんなが満たされるよう、持てる資源を切り盛りすることだったのです。それはそのままコミュニティ全体の利益に直結しました。ゴールは勝者と敗者をつくり出すことではなく、全体が健全に機能すること。それによって、コミュニティの「いい暮らし」が守られていました。

私たちが「買わない暮らし」に乗り出したのは、家にいても、ネットでも、町に出ても、ありとあらゆるマーケティングに晒される非力な自分を感じたから。広告は競争を煽ります。そこにいるのは勝者と敗者。「全体の利益」がかえりみられることはありません。広告は人々の不安を刺激し、「世界にはモノが足りないのだ」と私たちに思い込ませます――「さあ、なくならないうちに取らないと!」と。そして、そのように消費が進んだ結果、私たちの美しい海岸にはごみが打ち上げられている――この現状に私たちは怒りを覚えました。その怒りと不安を力に変えて、自分の買い物を自分で制御したいと思ったのです。私たちは非力ではありませんでした。

アメリカを含む多くの国では、ごく少数の人が富の圧倒的大部分を支配しています。つまり、その他の人々は残りをもらうだけ。たとえば、アメリカでは上位1%が中産階級を全部合わせた以上の富を手にしています。大量生産のプラスチック製品は、主に中産階級や低所得層をターゲットに生産されています。安い製品が大量に生産され、安い製品しか買えない人々によって消費されていく。安いものは長持ちしません。私たちの多くは、予算に合わせて安い製品を買いますが、結局それらはたった数回の使用で壊れてしまうようなものばかり。それでも買うのは、「それらがないと生きていけない」ような気がしているから。それらがあれば、日々の暮らしがもっとラクになると信じ込んでいるわけですが、実際には、使えば使うほど環境を壊し、ごみ処理場を埋め、水を汚染し、化石燃料を燃やし、気候変動を招いています。私たちの暮らしは必ずしもラクになりません。買って、管理して、故障に対処して……と大忙し。

何でも買ってしまわずに、もっと分かち合ったり、つくったりすれば、私たちはどれほど経済的負担と環境負荷を下げられることでしょう?

買い手ではなく、つくり手になるべし

若い世代の間では、かつての「ものづくり文化」が自由な新しい流行として復権しています。着古したアイテムをなおしたり、既にあるものを継ぎ合わせてクリエイティブに創作したり。このような長年忘れ去られていた営みは、数世代前にはごく身近なものでした。そして、このアプローチこそ、「買わない暮らし」のライフスタイルのカギとなる部分。買わない工夫に、たまらない創造性のエッセンスを吹き込んでくれる存在です。

好きなことを仕事にするのは容易ではありません。ほとんどの人は、本当に好きなことをしてお金をもらえてはいない。最近行われた調査によると、「夢の仕事をしている」と回答したのは、55歳以上では46%、中年世代では16~31%、若者ではわずか12%にとどまっています。[2]「買わない暮らし」は、あなたの内側にとどまっている技術——パンを焼く、編み物、工芸品づくり、絵を描く、機械整備、電気工事、自動車の修理etc——を解き放つ、これ以上ないきっかけとなります。私たちは、あらゆる世

代の人たちが、隠れた才能を地元のギフトエコノミーに分かち合う姿を見てきました。対価が介在しないから、プレッシャーも皆無。自由な創造性や新しい工夫が活性化されているように思います。

友人のマイラはパンを焼くのがとても上手。初期の頃、よくみんなのためにパンを焼いてきて、シードを散りばめた大きなパンをふるまってくれました。彼女は今、メンバーからの熱烈な評判を受けて、地元で大人気のパン屋さんを営んでいます。ぜひ恐れずに持てる力を分かち合い、夢に向かって進んでください！　だって、分かち合ってみなければ、世界がどれほどあなたに感謝するか、いつまで経ってもわかりませんから。外に出してみて、初めてあなたの才能が何なのかが見えてくるのです。

手を胸に当てて考えてみましょう——「自分は何が得意かな？」。裁縫？　編み物？　マッサージ？　キルティングやベーキングやガーデニング？　あるいは聞き手としてのすばらしい耳がある？

さあ、つくりましょう！　買ってくるよりつくった方がいいものは、買うのをやめましょう。大量生産の消費にはノー！　そして可能であれば、人にゆずれるくらいたくさんつくって、ほかの人にも買わずにたのしんでもらうことができたら最高です。

ステップ5「つくる」

あなたは何をつくるのが好きですか？「買っているけど、実はつくれる」ものはありますか？　今こそ、自分が何に夢中になれるのか考えてみましょう。純粋にたのしめて、しかも結果的にちょっといいものができて、それを家に置けたり、友人にプレゼントできたりするものはないか？　忙しくて余裕がないのはみんな同じ。でも、そんな中、「とにかくつくる」ことに時間を使ってみることで、想像もしなかったような展開が返ってきます。「そんなすごいものは自分にはつくれない」と言うなら、既にあるものや手に入りやすいもので、何か珍しいものが生み出せないか、考えてみてください。何ごとも実験です！

料理やお菓子づくりが得意なら、まずはいちばん得意なものを多めにつくって、それを冷凍したり、おすそ分けしたりしてみましょう。手料理は、引っ越しの直後や赤ちゃんのいる家庭にとっては――あるいはそんな理由などなくても！――本当にありがたいもの。「料理よりアートかな？」という人は、割れた陶磁器できれいなモザイクの踏み石を作ったり、庭の飾り用に小石をペイントしたり、端切れでバスルーム用のラグマットを織ったり……。身の回りにあるものを使ってできることは本当にたくさんあります。手に入りやすいものを見つけて、それを生かしてみてください。

リーズルの娘クレオは、植物が友だち。育てている多肉植物は生い茂り、庭から道に飛び出しているほど。そんな彼女、地元の園芸屋さんで一風変わった魅力的なセダムの鉢植えを見つけ（陶磁器や木箱、靴、子どもの長靴までもが鉢代わりに使われていたのです）、自分でもオリジナルな鉢植えをつくり始めました。時間さえあれば、セダムをティーカップなど家にあるいろいろなものに植えつけて、どんどん人にプレゼントしていったのです。

ギフトとは、余りものをどれだけクリエイティブに生かせるか、という世界。ある友人はいつもパスタソースを多めにつくっておすそ分けしています。別の友人は「液体洗剤の空容器を捨てずに取っておいてね！」と言い、いつもお手製の洗剤を1瓶か2瓶分余計につくって、人にプレゼントしています。

手作りのものはみんなによろこばれます!

くれぐれも「手芸屋さんでいろいろ材料を用意して…」なんて思わないでくださいね。テーマはあくまでも「買わない暮らし」ですから! たのしみの一部は、素材をその辺で手に入れること。たまたま見つけたものや、人からゆずってもらったものを生かせたら理想的。クリエイティブな目を持てば、身の回りにどれほどたっぷり素材が転がっているか、それはもう驚くほどですよ。それらを生かすことで、ごみ処理場行きとなるものを救い出すことができ、しかも材料費も抑えられるわけです。

もし庭にプラムの木があれば、プラムのジャムをつくっておすそわけできます。もし大工の友だちがいて、いつも端材を捨てているなら、それを使って鳥の巣箱やプランターがつくれるかもしれないし、無垢材であれば、友だちとたき火をたのしむこともできます。自分が捨てるものにも目を向けてみてください。だれかがほしがっているかもしれませんから! そう、「**あなたのごみは他人の宝**」かもしれないのです。

「買わない暮らし」は、必ずしもミニマリスト生活や質素な暮らしを意味しません(もしそれがあなたの趣味でなければ)。買い物を減らしつつ、モノをたくさん持って、ぜいたくを謳歌することもできます。繰り返しますが、身の回りには本当にたくさん、クリエイティブなリユースや分かち合いを待っているモノが既に存在しています。

なおす!

「なおす」も買わない暮らしの大切な一部。もし近所にお店がないなら、自分でどんどんなおしましょう。昨今の使い捨て社会では、何もかもを気軽に捨てて、新品を買うことが推奨されています。それというのも、私たち自身が壊れたものをなおすスキルを失ってしまったから。でも、今やインターネットやユーチューブのお陰で、どんなもののなおし方だって調べられます。もし、「ネットの助けをもってしても手に負えない」、あるいは「道具がない」という場合は、ギフトエコノミーに助けを求めましょう。配管や電化製品、車、繕い物、大工仕事のトラブルなど、あらゆることを隣人同士で助け合う姿を私たちは見てきました。

こわれたものに美を見出すことも可能です。日本には「金継ぎ」という手法があり、割れた食器をなおす際、金や銀などの貴金属を使うことで、割れた部分を逆に際立たせるのです。次に何かを壊してしまったら、ぜひこれをインスピレーションにしてみてください。美しいものがつくり出せるかもしれませんよ。

修理すれば、出費は減ります。講座に申し込んだり、友人に教えてもらったりして、電化製品や車の修理、裁縫などを覚えましょう。欧米では大々的な修理イベントが開催されている地域もあります（訳注：日本では欧米のような大々的なものは少ないですが、「修理＋（お住まいの地域名）＋（修理したいものの名前）」のキーワードで検索してみると、有用な情報が見つかる場合があります）。近所にも、頼みさえすればよろこんで手を貸してくれる修理好きの人がいるかもしれません。ぜひ積極的に探してみましょう。

メリーランド州で子育てをしているミッシェルは、近所の男性の助けを借りて庭のすべり台をなおすことができ、感謝の気持ちでいっぱいです。何週間もの間、子どもたちが使えずに困っていたのに、その男性は手持ちの道具いくつかと端材ひとつで元通りにしてくれたのです。

この手に、昔ながらの修理の美学を取り戻しましょう。破れた靴下は繕い、ミシンはなおす。トイレの水漏れは部品を取り換え、動かなくなった掃除機は蘇らせる。古い照明器具は配線をなおす。ボタンは縫い、自転車のタイヤのパンクは修理。切れたビーチサンダルはなおし、シャベルの持ち手はつけ替えます。新しく買わず、自力で修理することで、自分の中にパワーがみなぎるはず。古いものであっても、きっとまだまだ働きつづけてくれます。私たちがちょっとスキルを身につけ、ほんの少しリサーチし、自分自身のなおす力を信じて、長生きできるよう手入れしてあげればいいだけ。あとは、そのエピソードをシェアして、ほかの人たちが「次に何かが壊れたら、こうやってなおせばいいんだな」と感じてくれたら、いちばんいいですね。

つくれるもの50選

私たちがたのしくつくっているものをヒントとして紹介しましょう。材料費はほぼゼロ。でも毎日使うような便利なものばかりです。友人や家族へのプレゼントにもぴったり。ただ、これはあくまでも「とりあえず」のリスト。つくれるものは何百とありますし、手作りのものは何だって——ケチャップもヨーグルトもマヨネーズも——市販品よりずっとおいしいのです。あと、このリストを義務のように捉えたりもしないでください。まずは小さな一歩から。最初は2つか3つ選んでやってみて、買い物やごみの量が減りそうか、シェアリングが増えそうか、感触をつかんでみてください。

1 ろうそく

自分でつくれるのに、お店できれいなろうそくを買う必要はありません。燃えさしのろうそくのろうを集めて、大きいカラフルなろうそくに変身させましょう。プレゼントしたり、停電時に使ったり。広口の瓶や缶でもつくれるし、専用の型をだれかに借りるもよし。

〈つくり方〉

①燃えさしのろうそくを集める。ギフトエコノミーにも頼んでみましょう。木のまな板などの上に置き、金槌でたたいて、瓶や缶や型に入るサイズに砕きます。一部はあとで溶かし入れる分として取り分けておきます（色の違うものが理想）。芯は取り除き、取っておいて使います（何本かそろえて使うこともできます）。

②色とりどりのろうの欠片を型に詰め、中心に芯を入れる。型の上に鉛筆やペンを渡しかけて、そこに芯の上端を巻きつけておくと、芯がろうの中に落ちません。

③溶かし入れるために取り分けておいたろうを、工作専用の古い鍋で熱して溶かし、型に流し入れる。芯が曲がらないように気を付けて！　溶けたろうが、中のろうの粒の隙間に混ざり、きれいなモザイク模様になります。

④香りづけにお気に入りのエッセンシャルオイルを1滴か2滴加える。

⑤一晩冷まして固める。朝になったらできあがり！　はみ出た芯をカットし、型から取り出します。プレゼントにも最適。

2 花の鉢植え

多年草は冬越しして毎年花を咲かせます。でも、株が弱ったり、増えすぎたりするので、半分に株分けすると、生命力が株全体にゆきわたって元気になります。花菖蒲やデイジーは毎年株分けが必要なので、ガーデニング仲間でゆずり合います。

3 フルーツビネガー／ワインビネガー

氷砂糖入りの甘いドリンクではなく、果物からつくる美しく本格的なお酢。年中使い、友人や家族にもプレゼントしています。ブラックベリービネガーやアップルサイダービネガーなど、余った果物でつくる「フルーツスクラップビネガー」は、買い物の習慣を様変わりさせてくれます。つくり方は本当に簡単。果物が余っているのに作らないなんて、罪深いとさえ言えるほど。保存瓶に、余った赤ワイン2カップと、蒸留水1カップを入れて混ぜ、使い残しのオーガニックビネガーを「種酢」として少し加えます。清潔な木綿のふきんなどをかぶせて（空気は通るように、でも埃は入らないように）、あとは冷暗所——と言っても基本的には常温で大丈夫ですが——に置いておくだけ。

「種酢」は、お酢の素となる生きた酢酸菌。オーガニックワインビネガーの瓶の中をよく見ると、底にゼリー状の澱がたまっているのがわかります。これが生きたバクテリア。ワインの中のアルコール分を食べて、おいしいお酢に変えてくれます。これを素として使えば、どんなお酢でもつくれます。最初の1回は、無濾過&非加熱&オーガニックのアップルサイダービネガーの瓶の底にたまっているものを使うといいでしょう。あとは、自分のお酢の残りを繰り返し繰り返し使えばよいだけ。アップルサイダービネガーはわが家の必需品。風邪も治るくらいだし、髪のリンスとしても極上です。とにかく種酢を大切に取り置いておきさえすれば、いつでもお酢づくりがはじめられますよ。

剥いたりんごの皮や芯からもビネガーは作れます。ブラックベリーも信じられないくらいおいしいビネガーになります。余った果物を、どんなものでもよいので保存瓶に入れ、水を少し、それから種酢を入れて、ふきんをかぶせて常温で保存します。直射日光は避け、ビネガーが呼吸できるようにしておきます。

あとは定期的に瓶をチェックします。完全に発酵するには数週間かかるはず。1ヵ月ほどしたら、中身をふきんで濾して、果物のカスはコンポストへ。底に溜まった酵母は必ず取っておき、濾したビネガーはきれいなボトルに入れて、コルクで密封！　時とともに熟成して、どんどんおいしくなりますよ（私たちと同じですね！）。

4 ドライヤーボール

古い編み糸やセーターなど、古いウールを集めておいて、110ページで紹介したドライヤーボールをつくりましょう。みんなよろこびますよ！

5 スープストック

124ページで紹介しましたが、これ以上ないほど簡単につくれる野菜ストック。しかも材料は、捨てるはずの野菜くず。

6 コンブチャ

フルーティーなコンブチャ（訳注：日本では「紅茶キノコ」の名前でも知られる発酵ドリンク）。きれいなボトルに入れてみんなにプレゼントしましょう。インターネットに簡単なつくり方が紹介されています。必要なのは、大きな広口瓶、紅茶、砂糖、「スコビー」という生きた種菌。どんどん増えるので、つくっている人はきっとゆずってくれます。

7 服のリメイク

針仕事やミシンが得意なら、もちろん一から服を仕立てられるでしょう。でも、得意でない人だって——レベッカもそうです——古着をリメイクするくらいはできます。レベッカと子どもたちはこれが大好き。成功の秘訣は、まずは「大きすぎるアイテム」を使って大胆にやってみること。安全ピンを使い、折り返し、ひだ、プリーツ、縫い目、ドレープなどいろいろ実験してみましょう。好きな見ためやフィット感が見つかったら、針と糸を取り出します。好みでない部分を切り取ったり、別の部分を縫い合わせたり、恐れず、欲求の赴くままに、「足し算引き算をしてみてください。レベッカがいちばん気に入っているスカートは、60年代のレース付きナイトガウンと70年代のブラウスを組み合わせて、80年代のスカーフを何本か貼り合わせたもの。どうぞ大胆に、結果をたのしんでください。古布いじりは、子どもとやるとすごくたのしいです。

8 ジェノベーゼソース

定番のバジルだけでなく、どんなハーブもジェノベーゼソースに変身します。材料は、ハーブとオイル、ナッツ、にんにく（好みで）、塩少々、パルメザンチーズ、レモンやライムの果汁。すべてを混ぜ（ブレンダーやフードプロセッサーが効率的）、そのまま食べるか、冷凍保存します。私たちのお気に入りの組み合わせは、「クレソン×アーモンド」、「たんぽぽの葉×ガーデンクレス×マカダミアナッツ」、「パセリ×パクチー×松の実×にんにく」、「ヒロハカエデの花×ピスタチオ」、そして定番の「バジル（ルッコラに代えても！）×松の実またはくるみ×にんにく」。

9 香水

好きなエッセンシャルオイルがあれば、ぜひ香水に。必要なのは、ウォッカ大さじ2と、エッセンシャルオイル20滴ほど。ちいさなスプレーボトルに入れてよく振れば、さあ、あなただけの特製香水のできあがり！

10 卵と野菜

そのとおり、これはうちのニワトリと庭の畑のお陰です。自分の手柄のように言ってはいけないかもしれませんが、余った野菜と卵は全部人にプレゼントしています。今や市民農園も普及しているので、「農業には縁がないから…」などとはじめからあきらめないでください。全然むずかしくないし、よろこんで手伝ってくれる人もたくさんいるし、それに、ただ土を触ってにおいをかぐだけで自然な抗うつ効果まであるそうですよ。[3] 新しい友人を作るにも、これ以上の方法はありません。

11 パン

リーズルの家では、よくパンを1斤余分に焼きます。家のパンが大好きなので、いつでも食べられるように冷凍したり、人にプレゼントしたり。ホームベーカリーを持っていれば、材料をホームベーカリーの指定するタイミングで投入するだけで、極上のパンのできあがり！

〈材料〉

・お湯240cc
・卵1個＋牛乳＋ヨーグルト少々を混ぜたもの計180cc
・フラックスシードオイル30cc
・塩小さじ山盛り1（わが家はケルトの海塩を使用）

・小麦粉720cc（わが家の好きな配合は、全粒粉1に小麦2）
・くるみ（またはフラックスシード）4つかみ
・レーズン3〜4つかみ
・はちみつ15cc
・イースト小さじ3/8

コクを出したければ、ズッキーニやにんじんのみじん切りを60ccほど加えてみてください。わが家も、畑で穫れた時によくやります。

12 ヨーグルト

ヨーグルトの残りが大さじ2ほどあれば、それを素にホームメイドヨーグルトがつくれます。

①鍋に無調整の牛乳を入れる。計量は適当で大丈夫。作りたい分だけ入れてください（基本的には入れた牛乳と同量のヨーグルトができます）。

②牛乳が吹きこぼれないよう、タイマーを8分くらいにセット。回りに小さな泡が立ちはじめて、表面に膜が張るくらいまで煮沸。

③火を消して、牛乳をコンロから下ろし、室温まで冷ます。

④素となるヨーグルト大さじ2を加え、泡立て器で完全に溶かす。

⑤広口瓶に入れ、お湯を入れた鍋の中に置いて「湯せん」のような状態で保温する。そのままタオルや毛布にくるみ、暖炉やオーブンの近くなど暖かい場所に置きます（レベッカはキャンプ用のクーラーボックスに瓶を入れ、その周りを取り囲むように、お湯入りの瓶を並べてきっちりフタをし、保温します）。8〜12時間ほど温かく保てればOK。長く置くほど硬くなります。好みの硬さになったところで、冷蔵庫に入れて冷やしましょう。

13 生ごみ堆肥

リーズルの庭のコンポストは毎日ホカホカ発酵しています。コンポストがなかったら、ごみはずっと多く出ているはずだし、畑の堆肥もお金を出して買わなければいけません（こんなに簡単に作れるのに！）。大きな木箱があれば、外置きのコンポストには十分。庭がない人向けのタイプもありますので、ギフトエコノミーにも尋ねてみましょう。生ごみと自然素材のごみはすべて中に入れられます。数週間ですばらしい堆肥が完成。コンポストに入れられるものの詳細は177ページの絵も参照してください。

14 ハーブティー

レモンバーム、ミント、ネトル、カモミールは、わが家では伸び放題に伸びています。なので集めて乾かし（天日干しにしたり、室内で逆さに吊るしたり…）、ドライハーブにしてきれいな瓶に保存し、年中お茶として使います。レベッカの娘は、ラベンダー、ローズペタル、ミントを合わせて、すばらしいブレンドハーブティーを作りますよ。

15 ラグマット

これはユーチューブが強い味方！　古布でつくるラグマットのつくり方は本当にいろいろあります。三つ編み、指編み、より合わせたり、飾り結びをつくったり。好きな古布やシーツ（ストッキングや靴下だってOK！）を取っておいて使いましょう。ラグマット作りは、その昔、古布が生き生きと活用されていた時代へのタイムスリップ。シャワーや浴室の前のカラフルなアクセントとして、またキッチンテーブルの居心地のよいシートクッションとして、美しい古布マットは大活躍。

16 サラダドレッシング

もうわかってきましたね！　私たちが買わないものの多くは、簡単に手作りできるので、既に紹介したものと重複します。124ページのラクラクレシピでつくったドレッシングを冷蔵庫にしまっておきましょう！

17 ヘアスプレー

ゴワゴワの巻き毛にも効くものすごく簡単なレシピです。ロングヘアをきちんとブラッシングしないお子さんがいたら、これでバッチリ。

①好みのオイル大さじ1（オリーブオイル、ホホバオイル、アボカドオイル、アプリコットオイル、スイートアーモンドオイルなど）を水半カップ強とともにきれいなスプレーボトルに入れる。

②好みのエッセンシャルオイルを1〜2滴加える（ゼラニウム、ラベンダー、ローズマリー、ローズ、カモミール、ペパーミント、グレープフルーツシードエクストラクトなどがおすすめ）。髪が多い場合は、好みでオイルを足す。

③ボトルをよく振ってスプレーする。

濡れた髪にスプレーしてからブラッシングすると効果抜群です。

18 発火剤

衣類乾燥機の横に瓶を置いて、乾燥機にたまる綿ぼこりをその都度集めましょう（訳注：合成繊維の服からはプラスチック繊維が出るので、それを燃やすのは好ましくありません。天然繊維の服の場合にとどめるのが安全です）。瓶がいっぱいになったら、紙の卵パックに詰め込み、それぞれ真ん中に1本マッチを立てます。おがくずや松葉、紙のシュレッダーくずなどを足してもよいです。そこにろうを溶かし入れます。マッチの脇にしっかりたらして、マッチがまっすぐ立つようにしてください。そのまま固めれば、便利な発火剤のできあがり！　使うときはひとつずつ切り離して、マッチに火をつけ、焚きつけの木切れや紙と一緒に暖炉や薪ストーブの中に投げ入れます。

19 ペット用ベッド

段ボール箱と古いTシャツで、ネコや小型犬の隠れ家をつくりましょう。いちばんいいのは、LかXLの男物のTシャツ、そして30〜45センチ角の段ボール。

①段ボールのフタの部分を折るか、切り取る。
②箱をTシャツの中に入れ、Tシャツの首の部分が箱の真上に来るようにする。
③箱を裏返して、シャツの裾の部分をしばり、シャツが抜けないようにする。
④別のTシャツややわらかいシーツなどを箱の中に入れ、ペットがよろこぶように敷き込む。

ペットたちはきっと、Tシャツの首の穴をドアや窓代わりにして、「自分だけの箱」に大よろこびするはず。箱がボロボロになったら、解体してリサイクルに出すか、庭で使いましょう。Tシャツは洗って、ほかのものにリメイクします。

20 ニワトリの寝床

ニワトリを飼っているなら、必ず寝床が必要。これを紙のシュレッダーくずで〝自作〟できることに気づきました！　ギフトエコノミーにお願いして、たくさんの人にシュレッダーくずをゆずってもらいましたよ。プラスチックが混じっていなければ、そのまま土に還ります。もちろん刈った草でもよいです。

21 ゆで豆

缶詰のゆで豆はもうやめて、乾燥豆をのんびりゆでましょう。あまりに簡単で、「何で今までやらなかったんだろう！」と驚くはずです。一度にたくさんできるので、余った分は冷凍し、好きなときに使います。

①乾燥豆4カップを洗ってスロークッカーか厚手の鍋に入れ、水を豆の高さの2倍以上までたっぷりと入れる。

②にんにくを3～4片（皮むき不要！）、適当に刻んだ玉ねぎを少々、塩を多めにひとつまみ、ローリエの葉を1～2枚加えて火にかける。

③沸騰したら弱火にし、じっくり火を入れ、やわらかくなったら火を消して、そのまま冷ます。

4カップの乾燥豆から、約8カップのゆで豆ができるので、様々な料理にして、4人家族が1週間たのしんで食べられます。ゆで汁も絶対に捨てず、スープのベースとして生かしてください。

BPAビーチ

なぜ缶詰を買わずに手作りした方がいいのでしょう？　それは、いまだに多くの缶詰の内側にBPA（ビスフェノールA）がコーティングされているから。

調査によれば、海水や海辺の砂には高濃度のBPA汚染が広がっています。BPAは、女性ホルモンのエストロゲンに類似した作用を持つ人工的な化学物質。私たちの健康に、全貌のわからない重大な影響を与える可能性が指摘されています。北米や東南アジア沿岸部を中心に、20か国2千か所以上のサンプルを調査した結果、分析されたすべての水や砂からBPAが検出されたそうです。でも、現状では生物をBPAの過剰摂取から守る規制はほぼ皆無ですし、危険度の高いビーチに近づかないよう求める情報もほとんどありません。

動物実験でも、プラスチック製品の有害な成分が食べ物にしみ出すことが確認されています。プラスチック製品に含まれる化学物質には、神経毒性や発がん性、内分泌かく乱作用など様々なリスクがあることがわかっています。BPAは、食品パッケージから食べ物の中にしみ出します。考えてみてください。辛子やマヨネーズのプラスチックチューブ。チーズのパッケージ。歯みがき粉のチューブ。そして、夥しい缶詰。BPAは、お店でもらう感熱紙タイプのレシートにも、国によっては毎日触る紙幣にも、多量に含まれています。もしかしたら、台所の蛇口のプラスチック製のワッシャーやパッキンにも！　さらにはハウスダストの中にも！

公衆衛生の論文によれば、私たちは呼吸時の吸入や経口摂取、また経皮接触（＝レシートを触るなど）によってBPAに晒されています。ハーバード大学のグランジーン博士がアイスランドとノルウェーの近海にあるフェロー諸島で行った調査によると、漁業の盛んなこの島で、授乳中の母親の血中および母乳の中に高濃度の残留性有機汚染物質が確認されたとのこと。海産物に頼る食生活のコミュニティで、プラスチックに含まれる化学的な添加剤の摂取が進んでいることが窺えます。

22 ネコの爪とぎ

思うに、あの一般的なカーペット素材の爪とぎを使っていたら、あなたのかわいい〝毛獣さん〟はますます本物のカーペットやソファをひっかきたくなってしまいます。本物の木の枝を与えて爪とぎさせてあげれば、家具は放っておいてくれるはず。ほどよくカーブした太い枝を見つけましょう。Y字の小枝が2本ほどついていると、仔猫があちらからもこちらからも登れて好都合です。底の部分をのこぎりで切り落として、パーティクルボードなどにネジで固定するといいでしょう。

23 クロームメッキクリーナー

台所などのクロームメッキは、ホワイトビネガーと水を1対2の割合で混ぜ、スポンジなどにつけて磨きます。

24 フラワーアレンジメント

花屋さんの花は、遠方で栽培され、大量の水と農薬、さらに輸送のためにガソリンまでもが使われています。ここは自分で花を摘み、家に飾ってたのしみましょう。バレンタインデーにアメリカでプレゼントされるバラは1億本。それらをエクアドルやケニアやコロンビアやノルウェーから仕入れることによるCO2排出量は9千トンと推計されています。これはアメリカの小さな町で1年間に走るすべての車の走行分に匹敵する排出量です。[4]

もし家の回りに摘める花がなければ、枝ものを美しく飾りましょう。冬に芽吹きかけの枝を取ってくると、屋内のあたたかさで早く葉が出ます。大きな花瓶にゆったり活けるととてもきれい。野外のちょっとした美をあふれんばかりに活けていると、身の回りにどれほど自然の恵みがあふれているか、つくづく実感させられます。

25 食洗機のリンス剤

お酢でも仕上がりはまったく同じ！（よりよいとまでは言いません…）ただし、食洗機のリンス投入口がゴム製の場合は、お酢でゴムが腐食する可能性があるので、別の方法を考えましょう。食洗機のいちばん上のあたりに小さなカップ入りのお酢を置き、そのまま運転すると、洗浄中にお酢が全体に飛び散ります。

26 イースターエッグ

イースターエッグはエコに色づけできます。乾いて書けなくなった非中毒性のマーカー。ペン先をコップの水に漬け、お酢をほんの少し加えれば、卵の色付けにぴったりの染料が完成。しかもうれしいおまけが！　書けなくなったマーカーが一発で魔法のようによみがえるのです！

27 スクラブ洗顔料

24ページに書いたとおり、市販のスクラブ洗顔剤の多くにはマイクロプラスチックが含まれていて、これは健康にも地球環境にも好ましくありません。そんな不健康なものを使うのはやめて、オタワに住むアンドレアの手作りスクラブ洗顔料を試してみてください。

①オートミール1カップ、重曹1カップ、ポピーシード大さじ1、オレンジピール大さじ3をブレンダーに投入し、オートミールとオレンジピールが大体細かくなるくらいまで、何度かスイッチを押して粉砕する。

②広口瓶に入れて保存する。

使うときは、このパウダー大さじ1を手に取り、ほんの少しお湯を加えて、顔にすり込みます（目の回りは避けましょう）。お湯で洗い流し、最後に冷水でさっぱり。乾燥肌の人は、水の代わりにスイートアーモンドオイルか、ホーリーオイルとホホバオイルのブレンドを混ぜてみてください。オイリー肌の人は、洗顔後にウィッチヘーゼル（マンサク）の化粧水をつけてみましょう。

28 食品包装用ラップフィルム

プラスチック製のラップフィルムを避けなければいけない理由はもう分かりますよね？　ということで、繰り返し使える蜜蝋ラップのつくり方をレベッカが指南します。

①軽いコットンの布を選ぶ。古いシーツでも、ボタンダウンシャツでも、薄手のデニムでもOK！

②好みの形とサイズにカットする（ピンキングばさみを使えば、端がほつれません。ない場合は、段々ほつれてくるおしゃれなエッジをたのしみましょう！）。

③オーブンを65℃またはいちばん低温に予熱する。

④天板にオーブンシートを敷き、カットした布を1枚乗せる。

⑤その上に、蜜蝋の粒（または削った蜜蝋）をパラパラと全体に満遍なく振りかける（後からいくらでも足せるので、まずは少なめに！）。

⑥天板をオーブンに入れ、8分ほど、または蜜蝋が溶けて布にしみ込むまで加熱する。

⑦蜜蝋がすべて溶けたら、すぐに天板をオーブンから取り出す。きちんとコーティングできていない部分があれば、追加の蜜蝋を振りかけ、オーブンにポンと戻して溶かす。

⑧蜜蝋が布に完全に行き渡ったら、オーブンか

ら取り出して冷ます。

使用例は、冷蔵保存する容器にかぶせる／持ち寄りパーティやピクニックで使う／弁当のサンドイッチやカットフルーツを包むｅｔｃ。少しごわごわしていますが、手の熱でしなやかになります。時間が経って蜜蝋が落ちてしまったら、もう一度このプロセスをやりなおします。もう使えないところまで行ったら、コンポストに入れましょう。

29 フロア用洗浄剤

木の床は、カスティール石鹸小さじ1ほどをお湯に溶かし、好みのエッセンシャルオイル（レモン、グレープフルーツ、ラベンダー、ティーツリー）を10滴ほど入れた手作りクリーナーでモップがけをしてピカピカに磨きます。または、バケツ半分のお湯に、お酢1/4カップ、エッセンシャルオイル数滴を入れたものを使っても。

30 ブラウンシュガー

しばらく使わないと堅く固まってしまうのでは？

　でも、買いなおすには及びませんよ。いつでも必要な時にフレッシュなブラウンシュガーをつくれますから。砂糖1カップ＋モラセス大さじ1をよく混ぜれば、薄い色の「ライトブラウンシュガー」のできあがり！　濃い色の「ダークブラウンシュガー」を作るには……正解！　砂糖1カップにモラセス大さじ2を加えます。

31 妖精の家

そう、これもつくるんです。秘密の谷の森の中、そして図書館の回りの庭にだって！　市販の妖精の家など比べ物になりません。草陰に隠れた家を見つけ出せるのは妖精たちだけ！　子どもも大人も、老いも若きも、みんなで一緒にたのしめます。ニューハンプシャーにあるリーズルの親戚の家では、森の小道に妖精のアートや家を飾る伝統があります。石、松ぼっくり、葉っぱ、棒、木の皮、時にはキノコまで使って、マンダラ紋様や妖精の村をつくり、湖に向かう人たちの目をたのしませます。モルタルもくぎも使わず、その辺にある自然素材だけでつくります――妖精の家はいつだって儚いものですから。

32 おしゃれ着用の洗濯洗剤

おしゃれ着は台所洗剤で手洗いしましょう。特別な洗剤は必要なし。

33 マヨネーズ

①オリーブオイル60cc、卵L1個、マスタードパウダー小さじ½、塩小さじ½を、ブレンダーかフードプロセッサーに入れて、よく攪

拌する。

②フードプロセッサーを回しながら、オリーブオイル240ccを少しずつ足していく。少しずつ足すと、よく乳化する。

③レモン汁半個分を少しずつ加える。

④しっかりフタのできる広口瓶に入れて冷蔵保存する。

2〜3週間ほど持ちます。

34 シンク磨き

シンクは、重曹とライム果汁少々でゴシゴシこすります。これが1番!

35 ソープディスペンサー

広口の保存瓶のフタの真ん中に穴を開け（わが家は古いタイプの缶切りを使います）、古いハンドソープのボトルのポンプがはまるようにします。穴に通したら、シリコーンコーキングでしっかりと固定し、穴の縁のギザギザをやすりなどで滑らかに処理します。

36 歯みがき粉

①重曹1カップを小さなボウルに入れ、きめの細かい海塩小さじ2を加えてよく混ぜる。

②ペパーミントオイル（または好みのオイル）小さじ1/5を加えてよく混ぜる。

③キシリトールやステビアの粉末を加え、好みの味に調節する。もし「塩を入れすぎた」「香りをつけすぎた」「甘すぎた」などの場合には、重曹を足して、もう一度調節すればOK。

④小瓶に入れてきっちりフタを閉め、保管する。

わが家は100ccほどの小瓶4瓶に分けて保管しています。

37 ナッツバター

ナッツをまとめ買いして、ハイパワーブレンダーで粉砕し、アーモンドバターやピーナツバターやカシューバターやヘーゼルナッツバターをつくると、とても経済的です。（普通のブレンダーだと粉砕できない場合があるので注意してください。）アーモンドパウダーも必需品。これもミキサーで簡単につくれます。

38 アップルソース

庭にりんごの木があるので、アップルソース作りはわが家の欠かせない仕事。とても簡単な砂糖不使用のレシピです。

①りんごを皮のままカットし、芯を取る（芯はコンポストかビネガーに！）。

②大鍋に入れ、りんごがほんの少し顔を出すくらいまで水を入れる。

③シナモンスティックを1本加え、フタをして25〜35分くらい、またはりんごがやわらかくなるまでコトコト煮ます。スロークッカーでも上手につくれます。その場合は水はもっと少なくてOK。同じ手順で、りんごがゆっくりキャラメリゼしてくるまで様子を見ます。2〜3時間でソースにできる程度のやわらかさになるはず。裏ごしするか、シンプルにフォークでつぶせば、混ぜ物なしのおいしいアップルソースのできあがり！　保存瓶に入れ、冬に向けて冷凍します。

39 潤滑スプレー

いざとなれば、どんな料理油だって構いません。蝶番のキーキーが収まります。

40 タープ

手作りしましょう。アメリカならニワトリの餌の大袋を切り開き、ミシンや手で縫い合わせるか、粘着テープで貼り合わせます。袋1枚でつくる小さなタープも便利。キャンプの小さな敷き物に。工作の下敷きに。赤ちゃんの椅子の下やペットの餌皿の下に。さらに乾燥を保ちたいあらゆるもののカバーとしても重宝します。

41 ハンドウォーマー

虫食いなど、修復できないほどボロボロになったウールのセーターが出てきたら、ハンドウォーマーにリメイクしてみましょう。

①セーターをフェルト状にする。洗濯機に入れ、石鹸か洗剤をちょっと入れて、お湯でガンガン回します（手でもできます。やり方は111ページ）。

②フェルト状になったセーターが乾いたら（乾燥機に入れればさらにフェルト化します）、袖の部分をカットしてハンドウォーマーにする。より大きく、手首〜腕までが隠れる大きさにしてもよい。

③親指が出るスペースを残して縫い合わせる。

42 ぞうきん

念のために言いますが、「ぞうきん」というのは、ボロボロになったふきんやタオルやシーツの別称です。絶対に買う必要はありません。古布を袋に集めて取っておき、家事に使いましょう。

43 水筒の保温カバー

お気に入りの靴下。もうなおせないとか、片足しか見つからないなどと言って捨てないでくださいね！　足の部分を切り取り（これは古布リサイクルへ）、残った筒状の部分を水筒やトラベルマグの保温カバーとして使います。そのまま水筒にかぶせれば、飲み物はあたたかく保たれ、触り心地も抜群。切り口の部分はすぐに丸まるので、縫ったり糊づけしたりも一切不要！

44 デオドラント

①ココナッツオイルと重曹とコーンスターチを同量ずつ混ぜる。ココナッツオイルが堅ければ、あたたかい場所でやわらかくする（溶かす必要はありません）。

②好きなエッセンシャルオイルを数滴加えてしっかり混ぜ、小さな広口瓶などの容器にすくって移す。

固形が好きな人は冷蔵庫へ。または洗面所に保管して、指で少量すくい取り、脇など汗の出る場所に薄く塗り広げます。市販のスティックタイプのものとは使い心地が違いますが、効き目は抜群です。

45 チョコレートバーク

わが家のお気に入り！　季節の手作りギフトに最適なので、クリスマスにもよくつくります。

①バットや天板にオーブンシートを敷く（またはバターを塗ったアルミホイルでもＯＫ）。

②好みのトッピングを準備する（わが家のお気に入りは、刻んだナッツとドライフルーツ＋シナモンやカルダモンなどのスパイス＋フレッシュまたはドライのラベンダーやローズペタル＋海塩を少し）。

③チョコレートを溶かす（ダーク、セミスイート、ミルクなど好きなもの。チョコレートチップでも板チョコでも構いませんが、フェアトレードのものを選べば、よりおいしく仕上がるでしょう！）。電子レンジで溶かすなら、ガラスのボウルに入れて30秒→混ぜる→また30秒、を溶けるまで繰

り返します。

④溶けたチョコレートをバットに注ぎ、手早く平らにならして、すぐに準備しておいたトッピングを散らす。

⑤冷蔵庫に入れて固め、一口大に割り、密閉容器に入れて冷蔵保存（その場で全部食べてももちろん大丈夫！）。

46 ネコのおもちゃ

赤ちゃん用の靴下を使います。もしなければギフトエコノミーでゆずってもらいましょう。必ずだれかが「片足しかないもの」を持っています。

①靴下の⅔くらいまで、古布など詰め物になるものを入れ、ドライのキャットニップ（西洋マタタビ）を少々、ポテトチップスなどの袋をカットしたしわくちゃのプラスチックを2〜3枚、あれば小さな鈴も入れる。

②編み糸やひもで靴下の口をしばる（少し長めに余らせて「しっぽ」のようにするのがコツ）。

できあがったらネコにプレゼント、またはいくつもつくって地元の動物保護施設などに寄付します。

47 コンロ用クリーナー（ガラストップ）

レベッカのお気に入りの方法です。

①ガラストップのコンロの上に、酒石英（酒石酸水素カリウム）を散らし、オキシドールをチョロッとかける（なめらかなペースト状になるくらいが目安）。

②ふきんで全体を1分ほどこする。

③清潔な濡れふきんでペーストを拭き取る。ほうろうのコンロなら、重曹とオキシドールを使うといいです（金属部分には使わないこと）。すっきりピカピカ！

48 靴ひも／紐／リボン

もう二度と靴ひもを買う必要はありません。着られなくなったボロボロのコットンのTシャツを用意して、裾の端からハサミを入れ、3〜4センチ幅で長く水平にカットしていきます。少しくらい幅がぶれたり、きっちりきれいに切れていなくても大丈夫。そのままグルグルまるく切り進めていき、袖のところまで行ったらカットします。生地をやさしく引っ張りながら、切り口や幅が不揃いな部分を整えます。最後にまるく巻けば、「Tシャツ紐」のできあがり！　靴ひもやブーツ、その他あらゆる用途の紐として、またプレゼントのリボンとして、さらに編み物用の太めの毛糸としても理想的。

49 おいしいインスタントコーヒー

あのパック入りのエスプレッソやラテやモカ――マグに入れてお湯を注ぐだけのインスタントタイプ――使っていませんか？　私たちは自作しています。材料はインスタントのエスプレッソパウダー、砂糖不使用の純ココアパウダー（またはホットチョコレートミックス）、そしてミルクパウダー。私たちの地域では、これらはすべて量り売りか、瓶入りか、缶入りで買えるので、それらを混ぜて自分好みに仕上げれば、使い捨てのプラスチックパッケージが減り、値段も下がり、もちろんおいしいコーヒーも手に入ります。自由に実験して、好みの組み合わせや割合を見つけましょう。小瓶に詰めて、デスクの引き出しや、車やかばんの中、キャンプ用具の中に入れておきます。

50 ブックカバー

娘が高校に入学したとき、レベッカはハタと気づきました。もはやだれひとりとして紙袋で教科書のカバーをつくったりしていないのです。さっそく娘にこの重要なスキルを伝授したレベッカ。ついでに自分が毎日ぬかるみの中、8キロもの上り坂を鉛のように重い本を持って通学した思い出も語ったのでした。「紙袋からブックカバーをつくったことがない」もしくは「つくり方を覚えていない」という人は、図書館の司書さんに訊いたり、インターネットで方法を検索してみてください。簡単にさっとつくれてお金もかからず、絵を描いたり、コラージュしたり、自由自在。そして、量販店の文具コーナーに並んでいるストレッチ素材の合成カバーよりも、ずっと地球にやさしいです。

やってみましょう——「つくる&なおす」

やってほしいことは3つ。ひとつめは「つくる」。何かひとつ選んで、自分のためにつくってみてください。紹介したものから選んでもよいし、自分で選んだものでも構いません。「食べられるもの」もよし（スパイスミックス、スープストックetc）。「使えるもの」もよし（水筒の靴下カバーetc）。「簡単なもの」もよし（例．大きなボウルとすべすべの石で小鳥の水浴び場をつくるetc）。「複雑なもの」もよし（例．無料の木製パレットでコーヒーテーブルをつくるetc）。要は「自分がほしいもの」をつくること、そして、自作することで買い物のリストをいくつか減らすこと。実験してみることで、どれほどあなたのクリエイティビティがほとばしるか。きっと驚きます。

次は「なおす」。「修理が必要なものリスト」のひとつに正面から取り組んでみてください。簡単なものでも複雑なものでも、やりやすい形で構いません。たとえば、コートのポケットの内側を縫いつける（フランケンシュタインみたいな縫い方でOK――だれも見やしませんから！）／椅子の脚のグラグラをなおす／壊れた照明器具の配線をなおす／たんすの引き出しが開くようにする／蛇口の水漏れをなおす／エアコンに年1回の定期メンテナンスをするetc。これらすべて、インターネットに無料でやり方が紹介されています（もしかしたらあなたの友人のあたまの中にもあるかも!?）。

最後に、だれかほかの人のために何かを「つくる」、または「なおす」。まわりの人にどんどん伝えていきましょう。「こんなふうにできる」ということ。いろいろ修理することで「みんなで助け合える」ということ。買わないといけないと思い込んでいるものの多くを「実はつくれる」ということ。みんながシェアすればするほど、この動きは大きくなり、消費は減っていきます。そして、人生のより大きな問題が立ち現れたとき、私たちはきっと「より勤勉な自分」になっているはずです。

ステップ6「分かち合う、貸す、借りる」

コミュニティには、世界をよりよい場所にする力があると思う。みんなが互いをよく知ることの大切さを私は信じている。物質的な幸せではなく、人と人のつながりを大切にすることこそが健康的な生き方だと思う。
（アナスタシア／カリフォルニア州）

「分かち合う」は「ゆずる」とほとんど同じだと感じる人もいるかもしれません。でも、この2つのニュアンスは、はっきり異なります。辞書でも、「分かち合う」（＝シェアリング）の同義語には「分割する」や「分離する」を意味する「split」や「divide」が挙げられ、「一部分を他者にゆずること」という定義が示されています。つまり、「分かち合う」という言葉には、「たくさんある中から分け与える」という意味合いがあるわけです。

私たちはこの「分かち合う＝シェアリング」が大好き。なぜって、モノを捨てずにきちんと取っておくと、たっぷりほかの人に分かち合えるから。「分かち合う」は2つのステップから成ります。まずは、手元にモノの蓄えをつくること。次に、その一部をほかの人たちに割り当てること。実際、私たちは意図的に蓄えをつくり、ほしい人たちに分かち合うことをたのしんでいます。また、モデルとして参考にしてもらえるよう、ネットワーク上の公の場でもシェアリングを積極的に行っています。

それに比べると、「貸す」と「借りる」はずっとわかりやすいでしょう。私たちは近所のひとたちを巻き込み、共同の「貸し出しバンク」をつくろうとがんばってきました。アメリカにはたくさんの貸し出しバンク（＝さまざまな道具を貸し出してくれる施設や場所）がありますが、そのほとんどは自治体や非営利組織の運営で、伝統的な図書館のスタイルに準じた形です。つまり、建物を調達し、スタッフを雇い、モノを買って、貸出管理システムに登録する。そして、地元の人たちが決められた開館時間に訪れ、はしごや電動工具や配管修理の機材などを借りていく――。これはきわめて有用で重要なシステムに違いないですが、私たちはもっと違うタイプのシステムもあってもよいのではないかと思いました。

私たちの持ち物の中には、「手元に持っておきたいけれど、毎日使うわけではない」ものがたくさんあります。こういったものは、信頼できる相手にならよろこんで貸し出せるはず。私たちは「買わないグループ」を立ち上げる前、近所の人たちを巻き込んで、みんなで「友人」や「そのまた友人」に自分の持ち物を貸し合ってみようという実験をしました。みんなが様々な品目を持ち寄ってくれました。テントや寝袋など、ありとあらゆるキャンプ用品。スーツケースなどの旅行用品。ナプキン、テーブルクロス、ディナー皿、フルーツパンチ用のボウル、グラス、特別な料理のための専用皿、ケーキスタンド、その他テーブルウェア。旗かざり、ティーパーティー用のセット、その他パーティー用品。ピクニックのバスケットやクーラーボックス、芝刈り機、剪定ばさみ、はしご、植木用のトリマー。自動車や、家の補修の道具類。リストはまだ続きます。

私たちはこんなにもたくさんの道具を持っていて、それらは実際あると便利なわけですが、どれも1年のほとんどはクローゼットやガレージの中に鎮座したまま。いっそこれらを「地域資源」として捉えなおし、プライベートコレクションとして貸し出してみたらどうだろう？「司書」は自分。貸し出しのルールも、期間も、利用資格も、全部各自が決めます。そして、サイトをつくって、各自が貸し出せるもののリストとルールを掲載し、みんながそれを見て直接連絡を取り合う。そんなふうにできれば、建物もスタッフもお金も不要。既にあるものを分かち合い、しっかり活用できれば、集団全体の消費が減らせます。しかも、分かち合いは簡単。必要な時は自分が使い、そうでない時に貸し出せばよいので、持ち主にとっては何の不都合もないはず――。

これはすごくいいアイディア！　と思ったのですが、周囲の人はほとんどが当惑気味でした。一体なぜ、大切なものを見ず知らずの人間に貸し出すのか？　ちゃんと大切に扱い、返してくれる保証があるのか？　壊れて戻ってきたり、あるいは全然戻ってこなかったらどうする!?　貸し出しバンクの企画はみるみるしぼんでしまいました。なぜか？　それは、シェアリングのいちばん大切な要素である「信頼」を踏まえていなかったから――。

実際、ギフトエコノミーの中で何が育まれるかと言えば、それは「信頼」です。他人同士が何かをゆずったり受け取ったりすることで、さっきまで「他人」に見えた人が急につながり、そこに信頼が築かれる。他人が知人になり、そして友人になれば、もう「大叔母さんの陶器の大皿を友人に貸す」なんて何でもありません。もちろん、モノは時に壊れます。でも、友人であれば、壊したものはちゃんと修理するし、弁償します。貸した側だって、必ずわかってくれるし、ゆるしてくれます。友人との関係を思えば、草刈り機のハンドルが割れたり、お皿が欠けることなんて、そう大きなことではないのです。

私たちが思い描いた貸し出しバンクは、「買わないグループ」の中では、ごく当然の営みとして実現しました。もちろん、「必要なものを人に貸す」のは、「必要ないものを人にゆずる」よりも難易度が高いです。でも、私たち人間には、生まれつき「信頼する相手を思いやる」気持ちが備わっています。分かち合いは、健全なギフトエコノミーの印であり、買わない暮らしの根幹をなす存在と言えます。

「シェアリング王国」をつくり出そう

ベン・ウィリアムズがはじめた「未来のシェアリング王国」というプロジェクト。ベンは、モントリオールの農場で働き、報酬を野菜の現物支給で受け取っていました。そして、自分が食べきれる以上の野菜を手にした彼は、これをコンポストに戻したりせずに、人と分かち合えないだろうかと考えたのです。テレビ取材によれば、彼は公園にスタンドを設け、カラフルな野菜をディスプレイしました。細長いオレンジ色のにんじん、ほうれん草やチャードなどの濃い緑の葉物、箱からはみ出す真っ赤なチェリートマト。最初、人々は意味がわからず、通り過ぎるだけでした。でも、無料だとわかるや、スタンドは大賑わい！　あっという間に、たくさんの人が1週間に一度の野菜のおすそ分けに毎週足を運ぶようになったそうです。

この実験は大成功でした。ベンはフェイスブックページにこのプロジェクトの声明文をこう書き記しています。

〝シェアリングというのは、すごくシンプルでありながら、すごく深い。無邪気なようでいて、そこには、サステナビリティやコミュニティの連帯、「終わりのない経済成長」の負の側面など、いくつもの重要な問題が提起される。数値化はできないけれど、たとえほんの少しでもシェアリングの文化を根づかせることができれば、コミュニティのやさしさやサステナビリティは増す。突き詰めれば、それは経済を根本から変えることにもつながるし、地球への接し方、さらに人間関係やコミュニティとの関わり方までをも変えることになる。〟

私たちも完全に同感です。ベンは、お金の介在しないシェアリングの可能性を示し、人々の生活に変化を起こすことに成功しました。彼は今、カナダ縦断を計画中。各地の農場にステイして働きながら、この「シェアリング王国」の実験を続け、消費から大胆に離れることの可能性を示そうとしています。

ギフトエコノミーは、リユースやシェアリングを推し進めます。それによって、ごみも減ります。今こそ、シェアリングの力に気づきましょう。それがどれほどあなたの「買わない暮らし」を支えてくれるか。あなたはどんなものを人に分かち合えそうですか？

リーズルの「手袋プロジェクト」 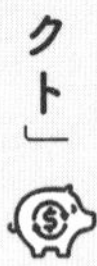

最初に手袋を見つけたのは、子どもたちが自転車の練習であちこちをヨロヨロ走り回っていた時。道端に手袋がいくつも落ちているので、拾ってみることにしたのです。わずか数日で、その数は何と20組！　園芸が盛んな地域だけあって、驚くほど多くの手袋が落ちていました。

数年間に集めた手袋は数百組。加えて、片方しかないものも数百枚。これらを単にごみにすることなく、ごみを拾って生計を立てているネパールの貧しい〝ごみ拾い人〟たちに送り届けて、使ってもらおうと考えました。ごみ拾い人の生活は厳しく、その多くは中学生くらいの子どもです。これらの子どもたちや多くの大人たちが、ごみをより分け、ビニール袋やペットボトルをたくさん集めてリサイクルすることで生計を立てています。収入はそこそこですが、労働環境は地球上もっとも劣悪なレベル。

ごみ拾い人のほとんどはまったく手袋をつけていません。片方しかないために、片方しかつけていない人もいます。みんな素手で割れたガラスや人の排泄物をかき分けています。身を守るには、とにかく手袋が必須（本当はマスクだってつけた方がいいに決まっていますが）。カトマンズから80キロほど離れたごみ集積場には、200人を超えるごみ拾い人がいます。また、たくさんの子どもたちが、バグマティ川やカトマンズの道端でプラスチックを拾っています。1組か2組の手袋を持つことが、子どもたちを感染症や病気――とりわけ一帯に蔓延している赤痢――から守ることにつながります。

というわけで、この「手袋プロジェクト」は生まれました。どぶに落ちて終わるはずだった手袋たちが、地球の反対側で有用な資源となる。しかも、道から手袋を拾い上げるには、何のお金も手間もかかりません。私たちはそれを洗い、布かばんに押し込んで、ネパールへの旅行時に運び届けます。2015年、ネパールをマグニチュード7・8の大地震が襲ったときも、何百万人もの人々が瓦礫をかき分けるために手袋を必要としていました。

これはクリエイティブなシェアリングのほんの一例です。ある国で落とされた手袋が、別の国では文字通り、切実に求められたのです。

ステップ6「分かち合う」

さて、「買わない暮らし」に取り組むと、それまで買い物に費やしていた時間を、「つくる」「なおす」「分かち合う」に費やすことができます。そうすることで「買わない暮らし」の体験も深まり、モノを買わない期間もさらに引き延ばすことができます。しかも、それによってコミュニティに有意義な〝お返し〟までできます。

さっそくできるアクションを紹介しましょう。シェアリングの方法は本当にたくさんあって、ここで紹介するアイディアも、世界各地に様々な形が存在します。みなさんも、自分ならではのスタイルで、近所のコミュニティにこれらのアイディアを取り入れてみてください。

1 服の交換会

厳密な意味での「交換会」ではありません。と言うのも、はっきり言って、ほとんどの人は手放したい服が山ほどあり、新しい服はほとんど必要としていないので。「交換」は1対1の取り引きですが、私たちが提案するのは、人を集めてのより自由なシェアリング。とにかく着なくなった服を全部持ってきてもらって、すべて机の上に並べます。種類別に分けてもいいし、そのまま山をかき分けて見てもらってもいいでしょう。だれかの家でやるとたのしいですが、からっと晴れた日に公園でやってみてもいいですね。すてきな新しい服をいろいろ持ち帰ることができて感動しますよ。最後に残った服をだれかひとりが引き取り、会に来られなかった人にラウンドロビン形式（3を参照）で回しているグループもあります。

2 料理クラブ

料理好きの友人を集めて、料理クラブをはじめましょう。これは「つくり置き」の新次元！　自分の台所で1種類の料理をつくるだけで、バリエーション豊かな料理が食べられます。たとえば、メンバーが5人いれば、あなたはラザーニャを5個つくるだけで、ほかの人がつくった4種類の手料理を家族と一緒に食べられるというわけ！　みんなが冷凍庫を持っているなら、1ヵ月に一度集まって、冷凍保存できる料理を交換すると便利です。みんなが同じ日に料理をして（日曜日がいちばんポピュラー）、集まって一度に交換します。みんなどっさり1ヵ月分の料理を持ち帰り、温めなおすだけでいつでも手作りの料理が食べられます。もちろん、すぐに食べる料理を交換しても大丈夫。その場合は、メンバーのそれぞれが日を決めて、全員分の料理をつくります。料理しなくてもいい日があるって、本当にありがたいですよね？

3 ラウンドロビン

箱をメンバーに順々に回していき、みんながほしいものを自由に取って、ゆずりたいものを箱に追加していくシステムです。私たちがよくやるのは、特定のサイズの子ども服。でも、もちろん大人の服にも使えるし、化粧品、台所用具、おもちゃなどにも有用です。

4 植物交換会

リーズルは、今の家に越してきてすぐに園芸のシェアリンググループをつくりました。1ヵ月に一度みんなを家に呼び、株分けした多年草や、挿し木や、野菜の苗を持ち寄ってもらい、自由に交換するのです。参加者はみな、新しい植物や野菜を持ち帰り、庭に植えられるという趣向。言ってみれば、「持ち寄りパーティーの植物版」みたいなもの。みんなの新しい花壇のコストがどれだけ下がったことでしょう。しかも、さらにおまけがひとつ。これは園芸への情熱をともにするすばらしい仲間との出会いまでもたらしてくれたのです。

5 収獲

収穫の季節、だれも穫らずに腐ってしまう果物の木や野菜畑があちこちにあります。収獲させてもらえそうな場所が見つかったら、収穫してみんなで分かち合いましょう。

6 〝無料ギフトショップ〟

もう何年も、パーティ形式の〝無料ギフトショップ〟を開催しています。プレゼントになりそうなものをみんなが持ち込んで、子どもも大人も好きなものを持ち帰り、家族や友人にプレゼントできるという試み。みんな抱えきれないほどのギフトを持ち帰ります。

7 小さな図書館〝マイクロライブラリー〟

ここ数年ちょっとしたブームになっているマイクロライブラリー。これは世界に手渡せるすごく粋なギフトだと思います。雨風をしのげる小さな箱を用意して、中に本を入れ、人が通る玄関脇など、安全な場所に設置します（管理人さんの許可が得られれば、マンションのロビーもすごくおすすめ）。来た人は好きな本を取っていき、自分もそこに本を加えていきます。公式サイト[1]（英語）には設置方法や設置個所の検索マップなど、あらゆる詳細が掲載されていますよ（訳注：日本にもあります）。

8 いろいろな〝貸し出しバンク〟

貸し出しできるのは図書館の本だけではありません！　道具の貸し出し、種の貸し出し、家庭用品の貸し出し、フォーマルウェアやおしゃれ着の貸し出し……。さまざまな貸し出しバンクが実際にコミュニティのシェアリングネットワークとして立ち上がっています。自分が〝司書〟となれそうなアイテムを選んでみてください。イベント用の布のナプキン（これさえあれば大量の紙ごみ削減！）、金属のカトラリー、ワイングラス、食器、キャンプ用品、スノーシューズ、スチームクリーナーなど。近所の人が必ず感謝してくれます。アメリカには、自治体の運営による道具の貸し出しバンクがたくさん存在しますが、ギフトエコノミーはこれを〝分散〟させる試み。自治体にすべての管理を任せるのではなく、私たちひとりひとりが〝司書〟として貸し出す側に立つのです。貸し出せるものをみんなに伝え、「これはあの人！」と頼りにされる存在になりましょう！

9 無料箱〝フリーボックス〟

マイクロライブラリーと同じく、雨風をしのげる箱を置いて、通りすがりの人にモノを入れたり取ったりしてもらいます。フリーボックスは、人が集い、すばらしいストーリーが生まれる場。もしごみの集積所や保管施設にこうしたコーナーを設置できたら、ごみ処理場行きとなる前の〝最後の救済〟として、まだ使えるアイテムを持ち込むことができます。

10 無料レンタサイクル

何台か準備して、みんなが近隣を自由に乗り回せるようにしましょう。私たちは自転車にスプレー塗料で「ride me」（＝どうぞ乗って）とペイントしましたよ。

11 "修理フェア"

これはすごく大切です！ 近所に住むエンジニアや電気屋さん、大工さん、裁縫師、その他何でもなおせる人たちを結集してフェアを行えば、本当にたくさんのモノをごみ処理場行きの運命から救い出せます。アメリカにはこうした場が既にたくさんありますよ。

12 スポーツや旅行のためのシェアリング

もし「スノーボードをやってみたいけど、スノーボードを持っていない」のなら、さっさとだれかに頼んで貸してもらいましょう！ 「こんなふうに頼んでみればいいんだ」とみんなに示せば、みんなも真似して、同じようにしてくれるはず。そうすれば、パドルボードも、カヤックも、スケートボードも、サイクリングも、いちいちみんながすべての道具を買わなくてもたのしめるようになります。

フェイスブック上で「Buy Nothing Travelers」（＝買わない旅行者）というグループも立ち上げてみました。そこでは世界各地の「買わないグループ」のメンバーとつながることができ、旅先の地で希望するアイテムが借りられます。それだけでなく、「旅先で買ったけれど、家に持ち帰れない」アイテムを置いていくこともできます。もちろん、これは「友人の友人」というような個人的なレベルでも可能です。

13 特技のシェアリング

みんなに尋ねてみましょう。特技は何か。どんなことで人の手伝いができそうか。だれが何を手伝えるかのリストを作って、特技のシェアリングをはじめましょう！

14 〝買わない新学期〟

みんなで誘い合わせて、新学期に必要な学用品を持ち寄りましょう。ほとんどの家は文房具を持て余しています。企業の寄付が期待できる場合もあります。年間を通して集めておけば、いつでも新学期前にシェアリングの夕べを開催できますよ。同じ町の中にあり余っているものを新たに買うなんて、まったく必要ないのです。

15 〝完全無料のマーケット〟

ミネアポリスには完全に無料のマーケットがあって、たくさんの家族がその恩恵にあずかっています。みなさんの町でもぜひはじめてください。ミネアポリスのマーケットはものすごい人気。みんなが使わなくなったものを持ち込み、ほしいものを取っていきます。現地の新聞に掲載された広告はこんな感じ。「ここではすべてが無料です。ゆずりたいものを持ち込み、ほしいものを取りましょう。モノだけでなく、「食べ物」「音楽」「仲間」も歓迎です。ギフトエコノミーの午後のひとときをたのしみましょう！　すべてはギフトです。自分が持ってきたもので、だれも取っていかずに残ったものは、最後に持ち帰りましょう」。

16 スポーツ用品の交換会

毎年冬にウインタースポーツ用品の交換会を開いて、スキー、ポール、ヘルメット、スノーボード、スノーシューズ、防寒服、ブーツなどをシェアリングしましょう。夏にはまったく同じように、自転車、ヘルメット、インラインスケート、スケートボード、キャンプ用品、バックパック、カヤック、パドルボードなどをシェアリング。秋には、サッカーやラクロス、フットボール、フィールドホッケー、バレーボールなど、子どもたちの団体競技のユニフォームやスパイクがシェアリングできるはず。子どもは、シューズも服もすぐに小さくなりますから！　毎年新しいものを買いなおす必要なんてないのです！

17　地域の修理請負人になる

あなたは何かを上手に修理できますか？　何かを修理できるなら、そのことをみんなに知らせましょう。これは瞬時に友人をつくるすばらしい方法でもあります。カリフォルニアに住むデビーはミシンの修理が大好き。ふつうの人が手に負えないような壊れたミシンを手に入れて、修理し、人にゆずりわたしています。

自転車を修理して無料でゆずりわたすのを楽しんでいる人も何人も知っています。コロラド州にはすばらしいグループがあり、自転車好きの人たちがみんなに自転車の修理やメンテナンスの方法を熱心に伝授しています。これは、世界中のどんなコミュニティでも真似できること。きっとあなたにも何かミラクルな修理スキルがあって、人々に分かち合えるのでは？

18　本の交換会

みんなに読み終わった本を持ち寄ってもらい、その山から各自が好きな本を持ち帰れるような会を開いてみては？　もちろん、この本も読み終わったらその中に入れてくださいね。『ギフトエコノミー』の本を〝売る〟ことの矛盾は私たちも思うところです。ですから、遠慮なくゆずってください。貸して、借りて、寄付して、この本のアイディアを自由に広めてください。

19 おもちゃのパーティ

子どもが使わなくなったおもちゃは箱やバスケットに入れておきましょう。そして、次の誕生パーティの際、ほかの親たちにも使わなくなったおもちゃを持ち寄ってもらい、みんなが新しいおもちゃを持ち帰れる会にしてしまいましょう！

20 畑のシェアリング

野菜を植えられる場所があるなら、共同で使えるコミュニティガーデンをつくってみましょう。ガーデニングには手間がかかり、植物には日々のケアが欠かせません。土地と作業を分かち合えば、収穫も増え、より多くの人が野菜とよろこびを手にできます。余った野菜は、オーストラリアではじまった「グローフリーカート」のような場に持ち込めたら理想的。これは、みんなが余った野菜をカートに持ち寄り、代わりにほしいものを取っていくというシステム（訳注：日本にはまだ存在しません）。公式サイト[2]（英語）「growfree.org.au」を見て、新しくあなたの地域ではじめてみては？　南半球で生まれたこのアイディアは世界中に根づくべきです！

これでもまだ、すぐにはじめられることを思いつきませんか？　それなら、本当にだれでもできるようなアイディアをひとつ。私たちひとりひとりがごみ処理場に向かうアイテムの〝世話役〟となれば、社会のごみと無駄はもっともっと減るはずです。私たちの地域では、資源回収にアルミホイルを出せません。そこで友人のジェーンは、「アルミホイルの世話役」になることにしました。玄関先にバケツを置いて、みんながそこにアルミホイルを入れていけるようにしたのです。私たちも捨てずにためておき、ジェーンに会うときに渡すようにしました。それを数ヵ月ごとに鉄くずの回収業者に持ち込み、何と有償で引き取ってもらうのです！

ジェーンはアクセサリーづくりのセンスもあったので、みんなからビーズやあらゆる種類のアクセサリーも集めることにしました。アクセサリーの回収箱を地域6カ所に設置し、みんながそこに、片方しかないイヤリングやおばあちゃんの古いアクセサリー、壊れたビーズのブレスレット、はたまた使い古したアクセサリーなどを入れていきます。ジェーンはそれを使って、アクセサリー教室の受講生たちと一緒に、地元のDVシェルターにいる女性たちのために美しい作品をつくり出します。新しいアクセサリーは、試練に見舞われた女性たちに生き生きとした美しさを取り戻してもらうための、コミュニティからのささやかなギフトとなります。

分かち合いたいもの50選

私たちが分かち合っているものを50個、だれでもできることの例として紹介します。あなたはどんなごみの〝世話役〟になれそうですか？　自分にとっても、地域にとってもプラスになるものがすごくたくさんありますよ！（ただし、ため込み癖のある人は、いくつかだけに限定して、残りは手放すことを考えましょう。ほしい人にゆずってしまってください。）

1　園芸用手袋

リーズルがしているように、落とし物の手袋を集めて、畑仲間で分け合ったり、または地域のイベントや清掃時に使ってみてもいいですね。

2 サングラス

私たちはサングラスも集めています。少々キズがついていても大丈夫。リーズルはヒマラヤに持っていき、荷物を運んでくれるシェルパや村の人にゆずります。みんな雪がまぶしすぎて、「雪盲」の症状に苦しんでいるのです。サングラスは軽いので、運ぶのも簡単。

3 ろうそく

163ページのとおり、ろうそくはたくさんつくります。つくるのは大きなろうそく。みんなから燃えさしのろうそくのかすを集め、新しいろうそくに〝アップサイクル〟。簡単で、子どもとやってもたのしいです。値段はゼロ、贈り物にも最適。使い切れる以上のろうが集まったら、地元の障碍者支援団体に寄付して使ってもらっています。

4 片足の靴下

私たちの地元の小学校では、子どもたちが靴下を集めてホームレスの人たちに寄付しています。片足しかない靴下も、予想以上に有用。子どもたちが「もう片方」を見つけ出して（「ああそうか！ お隣さんの引き出しに紛れ込んでいたのか！」）、ペアリングして寄付してくれるのです。ペアリングできなかった靴下は、魅力的な組み合わせにマッチングし、気に入った人がもらい受けます。

5 クッション封筒（気泡緩衝材入りの封筒）

ぜひためておいて、近所の人やお店にリユースしてもらいましょう。

6 ビールの王冠とボトルキャップ

地域のアーティストがほしがります。資源回収拠点にバスケットを吊るし、みんなでそこに入れましょう。いっぱいになったら、アーティストのアトリエにお届け。

7 ワインのコルク

こちらもバスケットにためて、アーティストのアトリエに届けましょう（ピンタレストを見ると、コルクを使ったすばらしいアートの数々が見られます）。アメリカではコルク樫の森林保全団体がコルクのリサイクルを実施しているので、地元のワイナリーの回収箱に持っていくこともできます。

コルクを大切に！

コルクは、再生可能かつリサイクル可能な素材です。リサイクルすれば、コルクはごみ処理場に行かずに済み、フローリング材や靴などのしゃれた製品に生まれ変わります。アメリカではそうしたコルクのリサイクルが広がっていて、スーパーやワインショップ、カフェ、ワイナリーなどに回収拠点が設けられています。

ポルトガルのコルク樫の森は、世界で最古のサステナブルな森林農業のひとつ。13世紀から生産が続いており、収獲は木の伐採を伴いません。ワインを買う際、プラスチック製のコルクではなく自然のコルクのワインを買うことで、これらの森の存続と、その多様な生態系の保護をサポートすることができます。

でも、どうすれば自然なコルクのワインを見分けられるでしょうか？　とても便利なサイト[3]（英語）があります。ReCorkという団体が開発した「CORKwatch」というサイト。お気に入りのワインを検索してみましょう。

8 子どもの本

私たちは長年、子どもの本を集めて、リーズルがネパールにつくった6つの子ども図書館に届けています。

9 肉や魚の発泡トレイ

発泡トレイはアーティストや先生たちによろこばれます。版画などの製版に使えるからです（訳注：発泡スチロールを削るのは、マイクロプラスチック汚染の面では好ましくありません！）。洗って乾かし、学校や美術館、サマーキャンプに寄付します。（訳注：日本では発泡トレイのリサイクルが進んでいて、スーパーなどの専用回収箱に入れると、再び発泡トレイにリサイクルされます。）

10 学用品

学用品を集めて、先生たちに届けましょう。どんなものを学校で購入しているのか、いつも使うのは何か、先生に教えてもらい、どんどん集めて寄付するのです。たとえば、鉛筆、ペン、クレヨン、色鉛筆、バインダー、はさみ、マーカー、輪ゴム、画びょう、シール。これらの学用品を集め、新学期前に子どものいる家族に直接ゆずっている人もいます。私たちの地域には、学用品を置く小屋があって、新学期前になるとみんながそこから必要なものをもらうので、だれも何も買う必要がありません。みんなの貢献のなせる業！

11 **花**

庭の花を分かち合いましょう。花はだれにもよろこばれます。

12 **ぬいぐるみ**

ぬいぐるみには第2の人生の機会がたくさん！地元の老人介護施設や託児所、動物保護施設、アーティスト、病院の待合室などに問い合わせてみましょう。あなたのぬいぐるみの新しい家はほぼ確実に見つかります。

13 **ゲーム**

これも同じ話です。州の上院議員であるクリスティーンは、ゲームやおもちゃをバスケットに入れ、議事堂のオフィスの前に置いておき、面会に来た子どもたちが自由に取っていけるようにしています。有権者の模範となる行動です。

14 **ガラス瓶**

取っておいて、みんなに知らせれば、必ず何かの目的で使いたい人が見つかります。

15 **ペットボトルのキャップ**

様々な回収プログラムが存在します（訳注：日本にもいろいろありますが、その有効性を疑問視する声もあります）。

16 **アクセサリー／ビーズ**

上述のとおり、友人ジェーンの主導で、町に回収箱が何ヵ所かあります。集まったアクセサリーは、洗って種類別に分け、リメイクしてパッケージし、シェルターにいる女性たちに贈られます。

17 ハンガー

ハンガーはみんなが使います。プラスチックでも、木でも、金属でもOK。捨てずに分かち合いましょう。アルミハンガーをよろこんで受け取ってくれるクリーニング店もたくさんあります（訳注：日本でも、多くのクリーニング店が返却を受け入れてくれます）。

18 木製パレット

これは貴重品！　万が一、何かの配送で手元に木製パレットがやってきたら、捨てないで！　私たちはおもちゃの家をつくったこともあるし、ほかにも、フェンスに使ったり、工作に使ったり、庭や家具に使ったり。数えきれないほどの使い道があります。

19 カメラ／ビデオカメラ

映画や写真を専攻する学生さんたちに有用です。学校も、カメラやビデオカメラはいつだって歓迎してくれます。

20 種

私たちの地域では、種のシェアリングの方法はいくつもあります。個人レベルでは、ケール以外に何も育たなくなる冬、親しい仲間同士で集まり、種を分け合います。自分で収穫して乾かした種を持ってくる人もいれば、絶対に育てない種のパックを持ってくる人もいます。図書館にも種を置く棚があり、だれもが持ち込み、ほしい種を持ち帰れます。種のパックは、古めかしい目録カードの引き出しにぴったり収まります。

21 気泡緩衝材

すべての気泡緩衝材を取っておき、地元のアーティストやお店に寄付します。さもなければ、みんなお店で寸分たがわぬ気泡緩衝材を買う羽目に。とにかく捨てずにためておき、リユースしてくれる人を探しましょう。引っ越しを控えた人も感謝してくれること間違いなし。

22 箱

私たちの地域にはリユースの精神がしっかり根づいているので、引っ越し用資材のシェアリング専用のオンライングループまであります。段ボール箱、気泡緩衝材、エアー緩衝材、発泡緩衝材、ワレモノを包む紙。毎年たくさんの家族が引っ越しますし、子どもの転校で若い家族が移ってきたり、子どもの巣立ったリタイア世代が出ていったり……というわけで、引っ越し用資材や梱包資材は捨てないで！　必ず近所に使ってくれる人がいます！

23 割れた陶器やガラス

モザイクアーティストがよろこんで使ってくれます。

24 ペンキやオイルステイン

ペンキを塗ったら、余ったペンキは、これから家を塗る別の家族に使ってもらえばよいということをお忘れなく。

25 プラスチックの植木鉢

よろこんで受け取ってくれる農家さんもいます。苗を販売している園芸店も、必要ない鉢を回収してくれる場合があります。

26 図画工作関係

絵具、筆、グリッター、スタンプ、インク、糊などは、学校、託児所、老人介護施設などによろこばれます。

27 新聞

冬のストーブの火付けに新聞が必要な知人がいます。みなさんの近所にも、火付けや、ガーデニングや、工作や、子犬のトイレトレーニングなどに新聞を使う人がいないか、ぜひ聞いて回りましょう。

28 葉っぱ

雨がちな冬、わが家の裏庭のにわとり小屋は不快な状態になってしまいます。だから葉っぱが常に必要。熊手でザクザク入れて使います。夏の間は、乾かした落ち葉が畑マルチの代わりとなり、水やりの量が減ります。葉っぱを捨てる前に、ぜひ聞いて回ってください。特に動物や植物のある暮らしをしている人は、葉っぱが必要な場合が多いです。

29 小枝

リーズルとレベッカの出会いのきっかけは〝小枝〟でした。レベッカが美しくねじれた庭の柳の小枝を「ゆずります」の掲示板に出していて、リーズルは好奇心をそそられたのです。まさか小枝をゆずるなんて、そんな大胆な人に会わないわけにはいきません。というわけで、今私たちはここにいて、一緒に本まで書いています。ですから、ヘンテコきわまりないものを分かち合おうとすることで、一体どんな出会いが待っているか、そこからどんな発想が生まれるか、やってみるまでわかりませんよ。

30 シリカゲル

シリカゲルという物質は、あまりよく理解されていません。パックには「食べないでください。使用後は処分してください」と書いてありますが、毒性はなし。きっと知らないうちに、口に入れたり、全身にすり込んだりしているはずです。だって、市販の歯みがき粉やスクラブ剤に使われていますから。

シリカゲルは、無毒で不活性の乾燥剤で、近くにあるものを何でも乾かします。様々な用途に使えるので、パックごと捨てる前に、一考の価値あり。私たちは集めて、半年から1年ごとにアーティストの人たちなどに届け、いろいろな用途に使ってもらっています。

私たちがすごく気に入っている、ちょっと素敵な活用法をいくつか紹介します。銀食器の横に入れ、変色を抑える。カメラケースの中にレンズと一緒に入れておき、乾燥を保つ。写真やスライドの保存ケースに入れ、長持ちさせる。ダウンジャケットや寝袋も、シリカゲルがいくつかあれば、湿気が取れて快適。植物の種の乾燥もキープ。粉末洗剤にも入れておくと、固まりができません。効果抜群です!

31 コンブチャの種菌

どんどん増えるお得なスコビー。コンブチャづくりに欠かせない酵母です。新しく仕込むたびに増えるので、余ったスコビーのおすそ分けは、コンブチャづくりの生活の一部。成長し続けるリーズルのスコビーは10軒以上の家族のコンブチャデビューに貢献しました。

32 服

194ページの服交換会や195ページラウンドロビンの項参照。服はいちばん簡単に分かち合えるもののひとつ。みんなが着るし、子どもはすぐに着られなくなりますからね！

33 畑

え、畑のシェアリング…？ もちろんです！ 方法はいくつかあります。まず、友だちを誘って、ワンシーズン一緒に畑をするパターン。区画を一緒に使うので、維持の手間も分かち合えて、負担も少し軽くなります。でも、オレゴン州のサラは別の方法でシェアリング。「果物や野菜やハーブを道に面した庭で育てて、近所の人に「夕食の材料がほしかったら通りがかりに寄ってってください」って声をかけるの。うちの子はこれが大好き。どこの果物が熟しているか、得意になってみんなに教えてる」。

34 生もの

「これからしばらく留守にするのに、まだ冷蔵庫に生ものが残っている…」という経験はありませんか？ そんな時、フロリダに住むバーブは、「何日か留守にするときは、持たなそうな野菜や生ものは隣の家の人に使ってもらうの。セールやキャンペーンでたくさん手に入ったときもそう。うちは夫婦だけだから、じゃがいも10キロなんて要らないし…。近所の人たちもいつもちょっとした心遣いを返してくれたり、庭の植物を分けてくれたり」。

35 夕食

レシピを2倍量にして、ほかの人と分かち合いましょう。シアトル在住のナターレは、「2倍つくって、近所のシングルマザーの親子におすそ分けしてます。彼女もよく料理をつくってくれますよ。ほかの人の料理を食べるのはすごくたのしいし、特に料理する気分じゃない時や、何にもない時、思いがけない夕食のプレゼントはとびきりうれしい」。ワシントン州のカレンはもう一歩踏み込んで、自分が人に分けた料理を、さらに別の人とも分かち合ってもらっています。「先週の土曜、町を離れる前に、前の晩につくった2リットル近いコールスローを近所の人にゆずったの。たくさんあるから、ぜひ別のよく知らない人にもおすそ分けして、その人にも道の向かい側の会ったこともないような人におすそ分けしてもらってくださいって。コールスローはめでたくみんなのお腹に収まったけど、いちばんの収穫は、3年間もお互いを知らなかった人同士が初めて出会ったこと！　地域ぐるみとはまさにこのこと。食べ物のシェアリングは本当にマジカル！」

36 本

リーズルはエアビーアンドビー（Air bnb）の民泊を営んでいて、その中にバスケット入りのマイクロライブラリーを置いています。ゲストに好きな本を取ってもらい、読み終わった本を置いていってもらうのです（マイクロライブラリーについては196ページ参照）。もちろん、〝フリースタイル〟もあります。レベッカは本をいろいろな場所に置き、全然知らない人を驚かせるのが大好き。本の中にこんなメモを入れておきます――「この本を気に入ってくれたあなたに無料で差し上げます」。

37 古布

必ず使ってくれる人がいます。たとえば、パッチワークやキルトをつくる人。美術の先生や保育園の先生たちもコラージュなどに使ってくれることが多いです。

38 タオル／シーツ

私たちの地域では、野生動物保護施設が、どんなタオルやシーツでも――破れていようがシミがついていようが――引き取ってくれます。普通の動物保護施設もよろこんで受け取ってくれるところが多いですよ。

39 ポテトチップスの袋

種類はあれど、どれも内側は銀色。つまり、ギフトバッグに最適です！　輝く銀色の袋に変身させるのはとても簡単。裏返しにして、台所洗剤で洗って、油汚れをきっちり取り除くだけ。しっかり乾かしたら、マイラーフィルムのごとき銀のギフトバッグとしてリユースしてください。

40 牛乳パック

ピンタレストには、ありとあらゆるリユースのアイディアが山ほど載っています。何と、壁の断熱材の一部に牛乳パックを使っているすごい人たちもいますよ。

41 ちいさなおもちゃ／ビー玉／キラキラの小物

わが家は食料貯蔵棚に広口瓶を置いていて、拾ったものをいろいろ入れています。たとえば、フィギュアやミニカー、指人形、小さなおもちゃや部品。先生が渡す〝ごほうび〟によさそうなものを集めます。瓶がいっぱいになったら、親しい先生のところに持っていきます。レベッカは、ビー玉をかばんに入れて持ち歩き、大人の目線の高さに隠して、見つけた人に明るい1日を贈ります。今は亡き友人エミリーへのオマージュです。

42 雑誌

好きな雑誌をため込んでいるなら、ぜひ分かち合いましょう。私たちの地元の公立図書館では、持ち込んだ雑誌をロビーに並べて、みんなが30円で持っていけるようになっています。収益は図書館の運営資金となります。

43 化粧品

手元に入ってきたけれど絶対に使わない化粧品は、集めておいて、近所のDVシェルターに回します。

44 乳製品のプラスチック容器

ヨーグルトやバターのプラスチックパックは、先生たちがよく理科系の授業に使います。まとめて保管しておき、使ってくれる人を探してみてください。

45 布袋

つくり方は108ページ。地元のフードバンクに寄付すると、持ち込む人たちが野菜類を入れる袋として重宝します。

46 錠剤のプラスチックボトル

みんないろいろな用途に使っています。たとえば、キャンプの防水マッチの容れ物。ミニ裁縫箱。イヤホンを入れてリュックにしまう。ハーブ入れやスパイス入れとして使うetc。ギフトエコノミーでもほしがる人がいます。

47 自転車

自転車を捨てる必要なんて絶対にありません。修理できないほど壊れていても、部品として使えます。地元の自転車クラブや自転車屋さんに訊いてみましょう。たいていは自転車の修理がすごく好きな人がいて、あなたの古い自転車から部品を取り出したり、そのまま新しく改造してくれたりしますよ。

48 自転車のタイヤチューブ

タイヤチューブ製の財布やハンドバッグやベルトを見たことはないですか？　ぜひ取っておいて、活用してくれる近所の工作好きの人に渡しましょう。

49 タープ

私たちはいつも予備のタープを手元に置いて、数えきれないほどの用途に使っています。1年の9ヵ月が雨がちなので、家でもあらゆる場合に使います。手元に置いておくと、すぐに貸すこともできます。木が倒れて家や車が下敷きになった近所の人に使ってもらったこともあるし、もっと遠方の土砂災害や地震、ハリケーンの救援物資としてたくさん届けたこともあります（こういう場合は戻ってくることは期待しません。言わば「永久貸与」です）。タープは、家財を失った人たちが最初に必要とするもののひとつ。雨よけや日よけにもなるし、生活の再建の最初のよりどころとなります。

50 メガネ

これも絶対に捨てる必要はありません。要らなくなったものは取っておいて、最寄りの眼科医に持っていきましょう。どこでいちばんメガネが必要とされているか教えてもらえます。リーズルは、レンズが1つのものも2つのものも、とにかく使ってもらえるよう、メガネを持たないネパールの人々のところに届けています。

リストはまだまだ続きますが、これをヒントに、モノをいかにごみ処理場から救い出せるか、どれほど多彩な形でリユースできるか、イメージをふくらませてください。みんなが分かち合うことで、人も団体も新しい買い物を減らすことができ、同時に、モノはごみにならずに済みます。「リデュース」と「リユース」は、いつだって「リサイクル」の上を行くのです。

さて、「買わない暮らし」を広げるために、さらにどんなことができるでしょう？ そう、「貸す」と「借りる」。言わば、「一時的な分かち合い」です。友人や近所の人たちの間で貸し借りをすれば、みんなが同じものを新しく買いそろえる必要はないし、ただでさえぎゅうぎゅう詰めの家の中に全部を保管する必要もありません。ガレージやクローゼットや棚の中に、1年のほとんどの時間、使われずに眠っているもののことを考えてください。これらを私たちは何度も貸し出しています。貸し出しバンクのアイテムとして永続的に繰り返し貸し出すことで、お金も、空間も、資源も、すべてが節約できます。

貸すもの&借りるもの50選

1 学級行事用の食器やカトラリー

すべての教室に、繰り返し使えるカトラリーやお皿、カップ、布のナプキンなど、ゼロウェイストの備品をそろえましょう。私たちのクラスでは、1クラス分の資材を20ℓくらいのバケツに入れて保管しています。使ったら、毎回だれかがバケツを家に持ち帰り、また洗って使います。お陰で学級行事のたびに親が使い捨ての資材を提供する必要がなくなり、子どもたちにとっても、誕生会のお菓子を食べながら〝共用資源〟の意義を学べるすばらしい機会となります。

2 コーヒーカップ

ぜひ地域のコーヒータイムを盛り上げてください！　私たちの地域はコーヒーカップに事欠きません。女性団体、ロータリークラブのほか、あらゆる団体が50以上のコーヒーカップを揃えているので、会議中にだれもが安心してコーヒーを飲めます。または地域のカフェで、だれも使い捨てカップを使わなくて済むように、「マグの無料貸し出し」を始めてみては？

3 子どものパーティ用品

帽子、リボン、おみやげの類は、子どもの誕生パーティを控えている人に横流しするのが得策。私たちも、子どもが小さかったときは、山ほどのパーティ用品をゆずり合ってリユースしたものです。もちろん気づいた人は1人もいません。

4 テント／キャンプ用品

リーズルの夫はノースフェイスと仕事をしているので、テントがたくさん手に入ります。そこで、テントを持っていない人がキャンプをする際によろこんで貸し出しています。こうして、わが家の幸せなテントたちは、夏の間中、いろいろな家族と一緒に方々を旅して回ります。キャンプストーブ、寝袋、マット、タープ、ゴムロープ、クマでも開けられない食品容器など、持っているものは何でもかんでも、キャンプをしたい人たちに貸し出してあげましょう。これらのアイテムは停電時や嵐の中など非常時にも役立ちます。あなたには、仕事関係で手に入るもので、ほかの人に分かち合えそうなものはありますか？　本？　食べ物？

それとも廃材？

5 スノーシューズ／スノーボード／スケート／スキーなど

みんなが自分専用のセットを買う必要はありません。そして、あなたが貸し出せば、友だちはレンタル料金さえ払わずに済みます。リーズルは、子どもたちが履けなくなったスノーシューズを捨てずに取っておき、山に繰り出す家族への貸し出し専用として使っています。レベッカも、昔カヤックガイドをしていた時に使っていたウェットスーツを、もう何年も友人たちに使ってもらっています。冷たい水の中でボートやダイビングやサーフィンをする人たちに貸し出すのです。みなさんのクローゼットの中にも、別の人に活用してもらえるはずのものが眠っていませんか？　スノースーツ？　ダイビング用品？

6 スーツケースなどのかばん類

リーズルは、ふだん使っていない大型かばんを大学の新入生の入寮時に貸し出しています。スーツケース類は、旅行時以外はただ眠っているだけ。地域のみんなに貸し出せば、クローゼットの場所をふさぐ代わりに世界を有益に旅して回ります。

7 ミシン

レベッカはコンパクトな卓上ミシンを持っていて、ちょっとしたお直しをしたい人に貸し出しています。お陰で稼働率は上々（機械は使ってあげた方が幸せ——埃も巣食いませんしね）。しかも、みんなの服はなおるし、地域中の役に立っています。

ヤギと蜜蜂 

クリエイティブになれば、どんなものだって分かち合えます——ヤギさえも！　そう、ヤギです！　私たちの知り合いは、イバラや外来植物を一掃したい人にヤギを貸し出しています。ヤギは無料の食べ物をもらい、土地の持ち主は無料の助っ人がやってきて、しつこい草を取り除いてくれるというわけ。一方、蜜蜂の巣箱を近所の市民農園や公共の果樹園に設置している人もいます。蜂蜜の生産量も増えるし、受粉のお陰で野菜や果樹の収穫量も増えます。

8 医療器具／松葉づえ／下肢装具／ウォーキングブーツ／車いす／つえ／バスチェア／歩行器など

私たちの地域では、これらの医療器具はすべて無料で使えます。家から家へ手渡され、つらい事故の負担を和らげます。

9 排水管のワイヤーブラシ

すべてのギフトエコノミーの必需品です。家から家へと巡回し、髪の毛その他もろもろを排水管から取り除きます。

10 おもちゃスタンド

テルアビブのビーチには、おもちゃやゲームを自由に借りられるセルフサービスのスタンドがあります。みなさんの公園やビーチにも箱を用意し、みんなにたのしんでもらいたいおもちゃを中に入れてください。時々様子をチェックして整頓し、友人や近所の人からもらった新しいおもちゃを足しましょう。

11 ビジネスウェア

最近にわかに増えてきました。ビジネススーツ、靴、ネクタイほか、面接に必要なものをみんなが貸し出してくれます。

12 業務用掃除機

1年に数日貸し出したところで、まったく支障ないはず。

13 スチームクリーナー

ある人が「スチームクリーナーをゆずります」と言ったら、みんなが家で使いたがりました。そこで貸し出しバンクに入れることに。ギフトエコノミーの長年のメンバーであるデビーが「司書」となり、すべての部品をチェックし、この便利な器具の貸し出しリストを管理してくれています。

14 双眼鏡

え、旅行に行くのですか？ 双眼鏡を借りましょう。双眼鏡は高価ですが、大切に使えば、たくさんの人の目に繰り返し覗いてもらえます。

15 本

読み終わった本を人に貸すのは、たぶんもうやっていますよね？ さらなるバージョンアップとして、「本×ドリンク」の大パーティをお気に入りのカフェやパブで月1回開いてはいかが？ ポスターを貼って、みんなに2〜3冊ゆずれる本を抱えて参加してくれるよう誘います。飲み物の注文は各自の負担ですが、本と会話は完全無料。とは言え、本貸しと言えば、公立図書館。そのすごさの右に出るものはありません。新しい本を探すときは、まずそちらを探しましょう。

16 学用品

計算機、分度器、定規、穴あけパンチ。長く使える学用品は、学年末に1ヵ所に集め、新学期に必要な人に再分配するといいでしょう。

17 年代もののオーディオ機器

CDプレーヤー、ビデオデッキ、カセットプレーヤー、レコードプレーヤー、8トラック、蓄音機。持っているなら貸し出しましょう！ 近所の今どきの若者たちにデジタルストリーミング以前の昔話をしてあげたら、みんなビックリしますよ。だれかがビデオデッキやレコードプレーヤーを貸し出せば、地域のみんなが折にふれて昔のレコードを聴いたり、ホームビデオをたのしんだりできます。

18 プリンター／シュレッダー

「共用のプリンター」を想像してみてください。インクカートリッジや紙を交換するイライラやコストをみんなで分担できるのですよ！ シュレッダーも、複数の家の書斎で問題なく共用できるもののひとつです。

19 グラス

もう20年も前、レベッカは結婚式のために200個のミニグラスを買いました。水にもワインにもウィスキーにもジュースにも使えるタイプ。以来、事あるごとに人に貸し出してきました。最初に買ったときの段ボール箱にずっと保管していて、破れた部分はガムテープで補強。内側に大きなプラスチックケースを2つ入れ、その中に重ねてしまっています。それぞれのケースに粘着テープを切って貼り付けておき、借りた人が使用後にどこに戻せばよいのかわかるようにしています。大規模なイベントで数個なくなりはしましたが、みなさんが思うほどの紛失はありません。個人から直接借りたものは、みんなとても大切に扱ってくれます。これまでに数えきれないほどたくさんの結婚式や会議、教会や地域や家族のイベントで使われてきたグラスたち。もはやレベッカの結婚生活よりも長持ちしています。

20 来客用の食器セット／ケーキスタンド

大人数の食事会、どのくらいの頻度で本当にたのしんでいますか？ 来客用の食器類はセットにして貸し出しましょう。地域に何セットかあれば、結婚式やイベントの食器として使うこともできます。レベッカはもう長年、シンプルな白いお皿のセットを貸し出していますが、1枚もなくなっていません。シアトル近郊には「食器バンク」と言われる場所もあり、地域に移ってきたばかりの難民家族に食器セットを提供しています。大皿類も同じこと。豪華な大皿もケーキスタンドも、迷わず貸し出しましょう。返却時に新しいレシピが添えられてきたり、うれしいおまけがついてくることもありますよ。

21 布製ナプキン

レベッカはもう10年以上、色もばらばら、模様もばらばらの綿のナプキンを集めています。キャリーケースにしまっているので、借りた人がイベントに持ち運ぶのも簡単。これまでに、結婚式、教会の夕食会、ユダヤの成人式、追悼礼拝、学校のパーティのほか、あらゆる種類のゼロウェイストイベントに出張してきました。中には、毎回、お気に入りのナプキンを使うのをたのしみに参加してくれる人もいるほど。だれだって、紙の使い捨てナプキンよりも布の手ざわりの方が好きに決まっています。

22 カトラリー

ちょっとしたケースに、たっぷり24人分以上のカトラリーが収まります。食器やその他の調理器具もろとも貸し出してしまいましょう。リーズルとレベッカのカトラリーたちは、ビーチのパーティに出かけ、山にも出かけ、もちろん近所の持ち寄りパーティにも何度も出張しています。

23 ピクニック用品のバスケット

これもラクラク貸し出して、近所の人たちと分かち合えるもののひとつ。

24 テーブルクロス

レベッカが持っているカラフルなテーブルクロスたちは、本当にいろいろな種類のイベントに貸し出されてきました。市役所のイベント、市民農園の収穫祭、学校のスポーツ大会の祝賀会、結婚式、教会の修養会、グループキャンプetc。リーズルがおばあちゃんから受け継いだリネンのテーブルクロスは、近所で結婚式が開かれるときは地区の備品リストに仲間入りします。

25 ティーセット

レベッカの娘たちは紅茶が大好き。そして、自分たちのティーセットをよろこんで貸し出しています。特に誕生パーティや、テディベアを連れてのピクニック、ブライダルシャワーやベビーシャワー（結婚祝いや出産祝いを贈るために友人たちが事前に開催するパーティ）で大重宝。

26 旗かざり

初めて使ったのは、プラスチックフリー生活の実験を始めた頃。風船の代わりに旗を飾るようにしたのです。屋外なら、フェンスや木の間に吊るしたり、屋内なら、壁やテーブルにかけたり。

27 クーラーボックス

使っていないときは簡単に貸し出せます。釣り、キャンプ、スポーツイベント、市民マラソン、長距離ドライブ、その他用途はいろいろ。

28 アイスクリームメーカー

どんな子どもだって、人生に一度は自分の手でアイスクリームをどっさりこしらえる機会を与えられるべきです！　毎年夏にたった数回使うだけのアイスクリームメーカーを貸し出すことで、この子ども時代の大切な思い出作りをお手伝いできますよ。

29 芝刈り機／大型の園芸機器

もし芝のある土地に住んでいるなら、近所の仲間1〜2人とグループを組んで、芝刈り機を共用しましょう。ブロワーや草刈り機、除雪機、高圧洗浄機も同じ。その他、いろいろなシャベル、熊手、耕運機、芝のエッジャーなど、芝や庭や畑の手入れに必要なものなら何でも！

30 工具

工具類は、地域の貸し出しバンクにあるととても便利です。たとえば、近くにワイパーやヘッドライトを交換したい人がいる。もっと込み入ったことをしようとしている人がいる。必要な道具をあなたが持っているなら、貸し出さない手はありません。

31 衣類乾燥機の排気ダクト用の掃除ブラシ

友人のモリーのブラシは、地域中を出張して回っていることで有名。火災予防のひとり部会を結成しているモリー。彼女がみんなを熱心に追いかけまわしてくれるお陰で、モリーの知り合いはほぼ全員が、手入れの行き届いた安全な排気ダクトを手にしています。

32 パンチボウル

フルーツパンチに使われるガラス製の深鉢。このレトロな食器はパーティをたのしくしてくれるとは言え、滅多に使われません。貸し借りするのが理想的。

33 クリスマスなどの電飾

箱の中に眠っている電飾の束。近所で開かれる夏の夜の結婚式や学校のダンスパーティをライトアップできますよ。キラキラのイルミネーションのたのしさは年中健在。それに、電飾は使った方が長持ちします。丁寧にしまっていても、「何ヵ月も眠ったまま」という状態が、どうやら配線にはよくないらしいのです。同じように、余っているランプや懐中電灯、オイルランタン、ろうそくなどは全部貸し出すといいでしょう。パーティから停電時まで、幅広い目的に使えます。

34 ペット用品（キャリーケース／グルーミング／健康用品）

キャリーケースはシェアリングもラクですね。傷あとの保護用のエリザベスカラーが残っていますか？　ケチケチしないで、お隣りのワンちゃんにつけさせてあげましょう。グルーミング用のバリカンや爪切りを持っているなら、それも同じです。毎日刈り整えないといけないほど毛が伸びる生き物はいません。次回のプードルカットまで貸し出しましょう。

35　大がかりなベビー用品（ベビーサークル／ベビーベッド…）

チャイルドシート、ベビーサークル、折り畳みベッド、ハイチェア、プレイステーションなどは、旅行時にあるととても便利ですが、いちいち持っていくのは大変。使わなくなったものが家にあるなら、地域の貸し出しバンクに入れましょう。孫が訪ねてきたおじいちゃんおばあちゃんがよろこんで借りるでしょうし、子どもが生まれたばかりの夫婦もさまざまな用途に使いたいはず。レベッカの娘は、木のゆりかごで寝ていましたが、このゆりかごは地域の赤ちゃんを代々乗せてきたもの。すべての赤ちゃんの名前がゆりかごの底に刻まれていて、地域の宝物として、時を超えるたしかな絆を築いてくれています。

36　ゲスト用のエアーベッド

ぜひ貸し出したいアイテム。リーズルは常に近所の人に使ってもらえるようにしています。毎年家族の帰省時には使うけれど、1年の残りの期間は貸し出せるわけですから。

37　フォーマルウェア／パーティウェア

その特別なフォーマルドレスやカクテルドレス、どうしても手放すのは忍びないと？　でも、クローゼットの場所をただ占領しているだけですよ？　友だちを招いて、クローゼットを眺めてもらい、あなたのお気に入りの服をイベント用に貸してあげましょう。

38 ティアラ／ジュエリー

ティアラは、みなさんが思うよりも出番の多いアイテムです。レベッカは以前、仕事でティアラづくりをしていました。今はそれらを友人に貸し出していますよ。男女問わず、みな豪奢に活用してくれていますよ。え、ティアラなんて持っていない？　きっとほかのジュエリーならあるのでは？　魅力的な雰囲気を醸すジュエリー、ぜひ貸し出して、幸せの増大を見届けましょう。

39 望遠鏡

1年に数回使うのでしょう？　必要ない時はほかの人に試させてあげてください。

40 メガホン／プラカード

いろいろな用途に役立ちますが、ほとんどの人にとっては日用品ではありません。もし持っているなら、みんなに知らせて貸し出してください。声を上げようとする人たちを助けましょう。レベッカはもう何年も、様々なデモ行進や集会で置き去りにされたすばらしいプラカードを拾い集めています。お気に入りのプラカードを選ぶのは、だれにとってもたのしい時間。しかも、厚紙やペンをまごまご探す必要もなし。今すぐ民主的な活動を始められます。

41 仮装用のコスチューム（大人用／子ども用）

私たちの地域では、何種類ものコスチュームが行ったり来たりしています。友人のケイトのすばらしい手作りコスチュームも仲間入り。みなさんも、手放せないお気に入りがあるなら、貸しましょう。

42 ドリンクサーバー

レベッカの母は、便利な蛇口付きの重いガラス製ドリンクサーバーを持っています。「きれいに返す」と約束すれば、いつも使わせてくれますし、伝説のフルーツパンチのレシピを教えてくれることもあります。

43 折りたたみテーブルと椅子

かさばりますが、あると様々な用途に使えます。もしあなたがそれだけのスペースに恵まれているなら、ぜひ恵まれないみんなに使わせてあげてください。

44 タープテント

貸し出せるものを持っているなら、あなたの好意は大感謝されること間違いなし。非営利団体、スポーツチーム、イベントの出店者、結婚式の主催者、その他、日除けや雨除けを求めているすべての人が助かります。

45 乗り物

自転車を貸しましょう。お向かいの夫婦がゲストとサイクリングに出かけられるように。あるいは向こうの若者が仕事や学校に乗っていけるように。あるいは……自転車に乗る魔法のようなひと時をだれかが味わえるように――。私たちは、車が壊れたときに別の人の車を借りたことがありますし、壊れていないときは逆に貸し出したこともあります。重大な局面ではこれが救いの手になることも。

46 技能

あなたの特技をみんなに差し出しましょう。簡単な税申告や役所の書類作成ができますか？　引っ越してきたばかりの人に、地域の情報、学校のこと、日々の用足しに最適な場所などを教えてあげられますか？　あるいは鶏を育てられるとか、子どもを育てられるとか？　料理ができたり、お菓子がつくれたり、ウェブサイトがつくれたり？　もしできることがあって、それがたのしくできるなら、ぜひその技をシェアリングしてください。

47 力仕事

どぶ掃除、雪かき、玄関のドアの修理、犬の散歩、その他何でも！　これらのシンプルな手伝いが、あなたの回りに積極的な思いやりの文化を育みます。

48 友だちになる

一緒に散歩に行く。コーヒー片手におしゃべりをする。トランプやカードゲームをする。まずは信頼している地元のお年寄りや、職場でいつもひとりで昼食を食べている人から始めてみてください。内気な人も、こういう新しいつながりには引き込まれるかもしれませんよ。

49 スペース

私たちの多くは、地域内に〝第3のスペース〟を持っています。たとえば、カフェやシェアオフィス、会議室など。これを個人宅まで広げることもできます。何ができるかクリエイティブに考えましょう。レベッカの両親は、家を失ってキャンピングカーに住むようになった家族に、私道のスペースを貸し出しました。リーズルと夫は、犬をなくした女性に、自分たちが所有している森を安息の地として提供しました。彼女はアパートの近くに犬を埋葬できる場所がなく、困っていたのです。

50 存在

ギフトエコノミーでは、よく「存在」という無形のギフトのやり取りがあります。たとえば、離婚や保護命令の聴聞会、高校の同窓会、追悼礼拝への同席。さらに結婚式やコンサートへの同伴などです。

やってみましょう―「分かち合う、貸す、借りる」

ほかの人に貸し出せそうなもののリストをつくってみてください。これは多くの人にとって、きつい作業になります。他人への信頼を試されることになるからです。「だれかが壊してしまうのではないか？」「返してくれないのではないか？」――ということで、まずは思い入れがそれほどないものや、家に置いておく必要のないものを、既に知っている人に貸すところからはじめてみるといいでしょう。借りた人は大抵は注意深く大切に扱ってくれる、という信頼が体感として得られたら、あとはどんどん手を広げられます。友人の友人にも貸し出し、さらにもっと広い地域に範囲を広げます。貸す側に立つとき、借りる側に立つとき、それぞれ以下のような基本原則を守るとよいでしょう。

貸す側

――すべてのルールはあなたが決めます。どのくらいの期間貸すか？　だれに対して負担感なく貸せるか？　用途は限定すべきか（「室内限定」「ペットのいる家は不可」など）？　もし何らかの理由で、特定の個人や用途に向けて貸し出すのが負担になるなら、きちんと断りましょう。単に「今貸し出しを少しお休みしているので」と言えば十分。

借りる側

――貸し手の指示やルールをしっかり守り、借りたものを自分の大切な宝物と同じように扱います。もし壊したり、なくしたりしてしまったら、素直に認め、謝り、どうすればいいか相談しましょう。

・・・・・・・・・・・・・・・・・・・・・・・・・・・・・・・・

さあ、いざシェアリングの時間です！　貸し出せるもののリストをつくって、借りる人に名前と日付と電話番号を書き込んでもらいましょう。そして、貸し出しバンクを作りたいとみんなに伝えてみてください。すごい未来につながるかもしれませんよ！

ステップ7

「感謝する」

ベスの話

「買わない暮らし」には本当に感謝しているの。お陰で、モノに対する考え方がまるごと変わった。私はカウンセラーをしていて、よく低所得層の人たちと接しているのだけれど、お金のかかるあれこれを案内するよりも、むしろ「買わないグループ」のことを紹介して、いろいろ手作りする方法を教えたり、材料をこんなに簡単に手に入れられる、みたいな話をするようにしてる。あと、若い夫婦には安全な子育てについても教えていて、「買わないグループ」でもらった安全グッズをいつでも渡せるようにしてみたり…。以前は、自分がどれほど無駄にモノを使っているか、そういう発想すらなかった。今は、人に借りられるもの、ゆずってもらえそうなものは買わないように本当にがんばって工夫してる。もし何か「これステキ！　ほしい！」みたいなモノがあったら（たとえばキッチンエイドのミキサー）、数ヵ月ごとに「買わないグループ」に書き込んで、あとは待つ。今この瞬間に必要というものでもないしね。あとはもちろん、そこで築いた人との関係も大切。しかもそれは一生ものの友情！

（ベス／ワシントン州）

ステップ7 「感謝する」

「感謝する」は、「ゆずる」と「受け取る」とともに、買わない暮らしに欠かせない一部。買わない暮らしには感謝があふれ返っています。グループのSNSにはいつも感謝の投稿がいっぱい。感謝を「見える形」で表明しなければ、その営みに広がりは生まれません。感謝の言葉はみんなをいい気分にし、大きな連帯感まで醸し出します。

感謝はとても大切な感情です。研究によれば、感謝を伝えることで、感謝する側もより幸せになるとのこと。ハーバード大学医学部のメールニュースレターによると、「感謝は幸福感の大きさと強い相関関係にある。感謝することによって、人々はより前向きになり、よりよい経験を手にし、健康状態も向上し、逆境にも対応でき、強固な人間関係までをも築くことができる」。その自然な抗うつ効果についての研究が進む中、わかってきたのは、普段から感謝を伝えることで、脳がより前向きな考えを保ち、ネガティブな考えをかわすよう訓練されていくということ。これこそは、長く強くしなやかに生きる秘訣です。実際、感謝しているものを順に書き出すことで、「幸せホルモン」であるセロトニンの増加が促されることがわかっています。この「いい波動」には無数のメリットがあり、睡眠の質が向上し、炎症が抑えられ、うつの兆候が減り、暮らし全般の満足感が上がります。

そして私たちは、さらにパワフルな「人前で感謝を表す」という実践を薦めています。人前で表明することで、回りの人たちにもセロトニンの増加がもたらされます。みんな自分のことのようにうれしく思うのです。また、感謝は、自分よりもっと大きなものの存在——自分の幸せがほかの人の幸福感や相互のつながりと不可分であること——に気づかせてくれます。ギフトエコノミーでは、感謝はまるで甘くくっつく蜂蜜のように人をつなぎ、さらなるシェアリングを促す存在。感謝がなければ、すべてはまるで人間味のないやり取りに感じられてしまいます。

単に「だれかがゆずり」、「だれかが受け取り」、それをだれも話題にしない世界。感謝というのは、言わば「やさしさとよろこびの贈り物」。ギフトエコノミーに心をもたらし、コミュニティの支え合いとつながりを強めてくれます。

感謝の言葉はちょうど窓のように、自分の回りで起こっていることを私たちに垣間見せてくれます。そして、それらのストーリーによって、私たちはひとつになり、シンプルかつ普遍的な「シェアリング」という営みを通して結束を強めるのです。自分にどんなよいことが起こったかを言葉に出すことで、あなたはみんなにインスピレーションを与え、それによってさらに幸せが広がります。買わない暮らしに具体的な意義があると気づけば、だれもが実行に移したくなります。そして私たちが、恐れずに願いを口に出しさえすれば、ギフトエコノミーは希望に火をつけ、キラキラする可能性を浮かび上がらせてくれます。感謝を分かち合うことで人のつながりが強まり、そこからさらなるゆずり合いやシェアリングが生まれ、あなたやみんなの〝長年の夢〟さえもが実現していきます。

究極のギフト

すごいギフトと言えば、断然シルビアのストーリー。夢をあきらめかけていた同性カップルに訪れた、奇跡のようなギフトのお話。夢が力なくしぼんでいく辛さの中にあっても、シルビアとパートナーはシェアリングを続けていました。彼女がグループのメンバーたちに明かした真実のストーリーを紹介します（プライバシー保護のため、名前や一部の詳細は変えてあります）。

シルビアの話

パートナーと私が感じている感謝はどんな言葉でも言い表すことができません。少しの間お付き合いください。少し前の話になります。ルーシーが「友人に赤ちゃんが生まれるので、新生児用品をゆずってください」と書き込んでいましたね。私たちはほかのみんなと同じように、自分たちがゆずれるものを伝えました。

ルーシーが受け取りにやってきて、私たちは話し込みました。なぜ子どももいないのに、こんなに赤ちゃん用品をたくさん持っているのか。13回に及ぶ流産のこと。里子を養子に迎えるはずだったのに、結局はその子を家に帰す手伝いをしたこと。そこで感じたあらゆるよろこびと心の痛み――。玄関先に立ったまま、ルーシーは言いました。「その赤ちゃんの両親は、実は養子縁組を検討しているの」。「あなたたちのことを紹介してみようか?」と言ってくれたので、ぜひお願いしたいと言いました。

金曜日、赤ちゃんの両親が訪ねてきました。わが家のソファに腰かけて、彼らは究極のギフトを申し出てくれました。私たちの人生の願いをかなえてくれたのです。そして昨日の朝8時21分、贈り物が誕生しました。先ほど家に連れ帰ってきたところです。

他のグループでは、家や車が贈られるのも目にしました。かと思えば、砂糖1杯。芝刈り機を借りたり(私もしょっちゅう借りています!)、人のつながりが築かれるのも見てきました(私の最初の書き込みは、引っ越してきたばかりの友人のためでした)。集団意識のいちばんよくない部分も目撃しました。逆に、コミュニティが力を合わせ、どれほどすばらしいことを成しうるかも目撃しました。「買わない暮らし」で人生がどれほど変わったか、いつも人に話してきました。でもまさか、こんな展開になるなんて思いもよらなかったのです。

今夜、新しくやってきた娘に、ギフトエコノミーのメンバーにゆずってもらったベビー服を着せました。そして、別のメンバーにゆずってもらった毛布でくるみ、メンバーの3家族が代々使ってきたベビーシートに座らせ、5人の子どもたちを乗せてきたギフトエコノミーのベビーカーに乗せて歩き、家に戻って、ギフトエコノミーの新生児ベッドに寝かせました。ベッドルームにあるすべてのものが――小さなテレビや、洋服だんすに入っているすべての服に至るまで（もちろん洋服だんす自体も！）――全部ギフトエコノミーからゆずってもらったものです。しかも、娘には「ギフトエコノミーのおばさん」がいて、もちろん「ギフトエコノミーのルーシーおばさん」もいます。

そして何より、彼女は大きなやさしさとコミュニティのパワーに包まれています。すべてはギフトエコノミーのグループが数年前にできたお陰。間を取り持ってくれたルーシーにどれほど感謝しているか。そして、このグループにどれほど感謝しているか。そして、赤ちゃんの家族への感謝。これを超えるものはほかにありません。

みなさん、生まれたばかりの新しい隣人を、どうぞよろしく！

このストーリーのギフトは〝赤ちゃん〟ではありません。養子縁組をサポートした人と人のつながりです。やさしさと、ストーリーの分かち合いから生まれた、本当のつながりです。シルビア一家の深い感謝は、それを読んだすべての人に大きなインパクトを与え、さらなるつながりと、ストーリーの分かち合いへの希求を生んだのです。

レベッカの話「貸し出しバンクの司書として」

わが家の貸し出しバンクは、私にとってすごく大事な存在。ガレージやクローゼットや引き出しの中でもかなりのスペースを取っています。子どもたちは2人とも、玄関ポーチに置かれた箱の山がみんなに貸し出されていく光景を見て育ちました。特に、パーティや卒業式や結婚式が目白押しの5月から9月にかけては、グラスやナプキンや銀食器やパーティ用品の貸し出しリクエストをさばくのに大忙し。これまでに何度も「いっそ別の人にゆずってしまおうか」と思ったのですが、「もうやめよう！」と思うたびに、どうやら宇宙が察知するみたい。必ずだれかがやってきて、「娘の結婚式でグラスを使えてすごくありがたかった」とか、「教会の修養会でナプキンが使えて助かった」とか、切々と語るのです。

もう5年以上、毎回誕生パーティに旗かざりを貸し出している子どもたちは、いつもすごくうれしいコメントを返してくれます。この前などは「本当にありがとう！これがないとパーティにならないんだよ！」と。とっさに口から出た感謝の言葉。大した意味はないかもしれないし、旗かざりだって大したものではありません。でも、短い感謝の言葉にすごくうれしい気持ちになりました。家に帰ってきて、つい何本か作り足してしまった私。こんなシンプルなものへの、本当に基本的な感謝の言葉が、すごく深いインパクトを持つのです。

やってみましょう―「感謝する」

まずは「感謝の日記」をつけるところから。形は問いません。きれいな古い――もしくはだれかにゆずってもらった――ノートでもいいし、コンピュータのワード文書にメモしてもいいし。その辺の紙くずを使っても大丈夫。大事なのは形ではなく、感謝について考えをめぐらせる場所をつくること。

最初に、自分に評価を与えましょう。この本を読んで、あなたの行動がどんなふうに変わったか、少し振り返ってみてください。そして、変われた自分をほめましょう！　自分が成し遂げたことを認め、出した成果を評価することは、すばらしいセルフケアとなります。「感謝の日記」には、「今までどうだったか」と、「これからどこへ向かいたいのか」をきちんと書き留めます。そして、次に何を買わないようにしたいのか、簡単な目標をいくつか設定します。自分にやさしく、前向きな言葉で気づきを綴りましょう。そして、「買わない暮らしは心地いい」といつでも思い出せるよう、目につくところに置いてみてください。ギフトエコノミーの仲間と気づきを分かち合うことで、すっきりする部分もあるはずです。あなたを取り囲むすべてのものに対して――コミュニティ、家、食べ物――感謝を実践しましょう。持てるものと、身の回りのゆたかさに感謝できればできるほど、不要なものを買わないことがどんどんラクになっていきます。

さあ、次は5分時間を取って、感謝したい人を2人選んでみてください。可能なら、人前で感謝を述べてみましょう。ゆずってもらったものや貸してもらったもの、してもらったことなどを示す写真があれば、それをギフトエコノミーにシェアします。もしなければ、文字だけの投稿でもよいし、メンバーにメールを送って、なぜ感謝しているのか、どんな素敵なことをしてもらったのか、説明してみてください。オンライングループでない場合は、感謝を紙に書いて、メンバーが集まる場所に見えるように置きます。そうそう、忘れてはいけないのは、友人や家族などのいちばん大切な人たち。彼らがどれほど多くのギフトをあなたにもたらしてくれていることか。いちばん身近な人たちだって、あなたがどんなに感謝しているか、しっかり伝えてもらえたら、それはやはりとてもうれしいはずです。

毎日感謝を実践すれば(日記に書いたり、あるいは寝る前に少し頭の中で考えるだけでも構いません)、健康面でもすごいメリットが得られます。体の不調を感じることが減り、希望やエネルギーの実感が増し、自分の生活をよりポジティブに見られるようになり、全般的な意志ややる気の向上が感じられるはず。感謝が健康や幸福によい作用をもたらすという研究結果まで出ているのですから、これはぜひ毎日の習慣にしたいところです。

感謝しつつ、ゆずり、受け取り続けることで、人はもっと長生きできるでしょう。ハーバード大学では、生涯健康で幸せだった800人の人々を分析するという調査を実施しています。調査の目的は、幸福や健康や長生きの要因を探ること。結果はどうだったか？　導き出された6つの結論のうち、最後の6番目は「次世代の育成」でした。育成とは、すなわち、自分の知識や技能を差し出すこと。助言することと。導くこと。手助けすること。与えること。そして、突き詰めて言えば、世界に還元していくこと。「買わない暮らし」の導き役となって、この健全なシェアリングと感謝の道の先頭を歩いてください。次世代の育成によって、あなた自身も、きっともっと幸せに長生きできることでしょう。

ここからがスタート――
「買わない人生」

これで「買わない暮らし」の7つのステップは無事に完結です。おめでとうございます！　短い期間で本当に多くのチャレンジを成し遂げました。考えてみてください。新しくできた友人のこと。使わずに済んだ天然資源やお金のこと。空っぽになったスペース。そしてもちろん、買うのをやめた数々のもの――。でも、これは「買わない暮らし」の道のりのはじまりに過ぎません。シェアリングをさらに続けていく方法を紹介します。

経験を分かち合う

もしかして、これまで「買わない暮らし」にチャレンジしていることを秘密にしていましたか？　今こそ、言葉に出しましょう。より多くの友人や家族が仲間に入ってくれたら、「買わない暮らし」を続けるためのサポートもより強固なものとなります。

大丈夫です。あなたが「買わない暮らし」をしている、なんて言ったら、眉をひそめる人もいるかもしれません。でも、ほとんどの人はあなたの新しい決断に興味をそそられるはず（内心うらやましいとさえ思うかも！）。さあ、話しましょう。家族に伝えましょう。「一緒にやってみようよ」と誘いましょう。なぜ「買わない暮らし」が大切だと思うのか、教えてあげましょう。あなたの個人的な動機はどこにありますか？　もしお金の節約が動機にあるなら、いっそ「支出を減らしたいのだ」と正直に打ち明けてしまえば、家族もやる気が湧いて、一緒に飛び乗ってきてくれるかもしれません。あるいは、資源を守るためなら、それを家族に話して、なぜそう思うのかを伝えましょう。単に無料の素敵なギフトがほしいということでも一向に構いません。このチャレンジのもとになっている部分を話せば、みんなの理解度も上がり、一緒にやってみたいという気持ちも湧いてこようというもの。

自分のこととして理解してもらえるメリットは大きいです。私たちふたりも、初めはふたりだけで「買わない暮らし」を始めたわけですが、ふたりで支え合えていたとは言え、家族の参加が得られたことで、やる気の面でもアイディアの面でも、それが大きな力となり、新しい習慣を続けていくのがずっとラクになりました。

何度でも何度でも再スタートする

この本で紹介した7つのステップは、ぜひ「7日間チャレンジ」として挑んでみてください。それを何度でも最初から繰り返すのです。途中で振り落とされてしまったら、またステップ1から再スタートします。

7つのステップは、自己発見と変化のプロセスです。みなさんが無自覚な買い物から距離を置き、自分について深く知り、それが自信とアクションにつながるようにデザインされています。仲間と一緒に取り組めると、より続けやすくなります。もし買い物に誘われても、代わりにコーヒーや散歩に誘いやすくなります。まわりの人にこのライフスタイルが浸透していき、これが単なる気まぐれなダイエットや一時的な思いつきではなく、みんなの行動の変化を視野に入れたアクションなのだとわかってもらえるようになると、一緒にやってみたいと感じる人もさらに増えるはず。世界はこうやって前に進んでいくのです。近しい人をひとりずつ「買わない暮らし」の様々なよろこびへと誘い、それが私たち、そして地球にどれほど大きな効果をもたらしうるかを伝えるのです。

買わない期間を引き延ばす

人の習慣が本当に変わるには30日かかると言われます。ですから、これを「30日間チャレンジ」にしてみたい方は、ぜひそうして続けてみてください。それぞれのステップにたくさんの要素が詰め込まれていますから、1日1ステップで7日間で終わらせることもできれば、もっと引き延ばしてみることもできます。とにかく鍵となるのは、一緒に取り組める仲間を何人か見つけて、そのグループがあなたのサポート役となり、かつ最初のギフトエコノミーとなること。そして、折にふれて感謝を示すこと。そうすれば――誓って言いますが――どんどん伝染して広がっていきますよ。

私たちがいちばん最初に立ち上げたギフトエコノミーでは、メンバーたちが常に感謝や学びの言葉を書き込んでくれ、その言葉がグループの外にまで広がっていくことで、新しいメンバーが毎日のように増えていきました。グループを立ち上げてちょうど3ヵ月半。メンバーのジルが書き込んでくれた、歴史に残るような感謝のストーリーを紹介します。

ジルの話 ○

わが家では、金曜日の夜はいつも映画の時間。くつろいだ週末にぴったりで、娘たち（7歳と9歳）もたのしみにしています。でも今夜は少し違う夜となりました。「買わないグループ」のサイトを眺めていて、アリソンの投稿が目に入ってきたのです。6歳の里子を迎えたという話でした。服は今着ているものしかなく、コートもないのだと。「その女の子が気に入ってくれそうなものは何かないかしら!?」というわけで、映画の夜は急遽、プレゼントを準備する時間に早変わりしたのでした。

娘たちは、女の子が気に入ってくれそうなものを一生懸命選び出しました。すべてをとりまとめて、最初はこれを後日アリソンに渡すつもりだったのですが……子どもを持つ人ならわかりますよね、予定というのは変わるもの。それで夜の8時に、私は娘ふたりとすべての品物を乗せて、車で娘たち渾身のプレゼントの配達に出かけたのです。娘たちは新しい友人に会えるのがたのしみでたのしみでたまりません。「もう遅いから寝てるかもよ」と言い聞かせたのですが、幸運が味方してくれたのか、まだ起きていてくれました。

娘たちは、持っていったプレゼントを全部渡しました。あたたかいジャケット。いろいろな服。ヘアアクセサリー。新しい歯ブラシ。リュックサック。おもちゃもいくつか。女の子はこれ以上ないほどの笑顔で階段をかけ上っていき、数秒後、小さなぬいぐるみを手に戻ってきました。デイジーダックです。そして新しいお母さんの耳に何かささやくと、お母さんは私たちにこう言うのです。「これをみんなにプレゼントしたいって」。女の子は近寄ってきてぬいぐるみを手渡してくれ、これ以上ないほどギュッと私を抱きしめてくれました。数分後、子どもたちは一緒に遊びはじめました。あとで娘たちが話してくれたのですが、女の子は何と、娘たちにもうひとつのくまのぬいぐるみ——彼女の唯一にして最後の所有物——までくれようとしたとのこと。

女の子が持っていたのは、着ていた服と、ぬいぐるみ2つだけ。そして、そのひとつを私にくれました。これは、「何の見返りも求めず、純粋にゆずる」ということを示すかけがえのないモデルです。ギフトエコノミーよ、ありがとう。私は新しい友人を得ました。名前はエディス。そして彼女は今晩、私にデイジーダック以上のものをくれたのです。

「買わない暮らし」は、常に発見の連続です。だって、考えてもみてください。私たちは結局、死ぬまで何かを買ったり、買わなかったりして生きていくのですから。買わない選択をするたびに、あなたはよい変化に向けて、一歩を踏み出していることになります。うまくいかない時のことよりも、こうしてうまくいった時のことに目を向けましょう。これは一生続く道ですからね。

古い習慣は、それを別の行動に入れ替えることができれば、より簡単に崩せます。「何でもすぐにお店に行って買う」という習慣も、ギフトエコノミーが既にあって、「ゆずる」「受け取る」「感謝する」を実行に移せる状況であれば、より崩しやすくなるはず。もちろん、「モノを買う」という行為は、日常の中に本当に根深く埋め込まれているので、その習慣を崩すのは簡単ではありません。特に最初の2週間ほどは大変でしょう。でも、1ヵ月続けて、さらにもう1ヵ月続けるころには、買いたいという衝動は、シェアリングの工夫や創造性に置き換わってしまうと思います。この置き換えが長く続けば続くほど、「買わない暮らし」はどんどん簡単になり、みんながもっと幸せになります。

意識的に買う

「買う」場合についても一言。買わなければいけない時にどうするか？　買うのをやめ、借りたり、ゆずってもらったり、既にあるものをなおしたりすることで、おそらくお金や時間がある程度節約できていることと思います。ですから、いざ買わなければいけない時も、できる限り、中古やローカルの買い物を心がけ、ごみ処理場行きとなるものを減らし、コミュニティやローカルビジネスを盛り上げましょう。そして、できる範囲でいちばん品質のよいものを買います。使い捨てをいくつも買うのではなく、長持ちするつくりのものに目を向けましょう。

たしかに、値段は少し高いかもしれません。でも、耐久性にすぐれたものは、1ヵ月や1年や2年では壊れません。つまり、長い目で見れば、結局はその方が節約になるし、ごみ処理場を救うことにもなるのです。日用品には「計画的陳腐化」と言う、メーカーがわざと商品の寿命を短縮するマーケティング手法があふれているので、買うからにはベストのものをリサーチすべきです。苦労して稼いだお金は、きちんと保証書のついた製品や、高評価がついている製品、または簡単に修理できる製品につぎ込みたいところ。質のよい素材でつくられたアイテムを買えば、その分長持ちします。

ご存知かもしれませんが、買い物というのは、実は政治的な行為でもあります。あなたはだれに自分のお金を渡したいですか？　どんな会社を大切にしたいですか？　すべての買い物に意識的になりましょう。私たちのお金を受け取る会社について注意深くリサーチし、私たちがサポートするに値する会社かどうか判断するのです。過去に環境汚染を引き起こしていないか？　フェアトレードを実施していたり、リサイクルや廃棄など、製品が寿命を迎えたあとまで見据えた計画を備えているか？　世界に善をもたらすよう努力しているか？　たとえば、私たちが見つけた「Who Gives a Crap」という会社は、再生紙使用&プラスチックパッケージフリーというす社会的良心あるトイレットペーパーをつくっていま。利益の50%は世界各国のトイレの建設に寄付されているとのことで、私たちは毎月、自分たちのお金をこの特別なトイレットペーパーに費やせることを心からうれしく思っています。どうか忘れないでください。企業の世界は、消費者の上に成り立っているのです。ですから、消費者であるあなたは、財布のお金を使って「投票」し、どの製品を買うかという選択を通して、企業により健全で持続可能な手法の導入を促すパワーを備えているのです。

何かを買うとき、あなたは一度きりのつもりで買いますか？　つまり、責任ある企業によってしっかりつくられた製品にお金を費やすことによって、手放さない限りはずっと使えるようなものを選びますか？　こういう保証を実際にしているメーカーもあります。また、クラシックな鉄のスキレットのように、ちゃんと手入れしている限り、永遠に壊れない製品もあります。わが家にも、まさにこのような感じでずっと使い続けているアイテムがいくつかあります。何か欠陥が出てきたとき、会社がきちんと交換してくれて、願わくば交換した商品も、リサイクルしたり修理したりして、素材がごみにならないようにしてくれる製品には、より高い金額を支払う価値があります。毎日使うようなアイテムを最終的にどうしても買わなければいけないということになった場合は、意識的にオプションをリサーチし、ベストのアイテムにお金を投入するようにしましょう。

そして、覚えておいてください。偉大なる合い言葉は「まずは家の中で買え」。そう、家のたんすやクローゼットの中ほどすばらしい「買い物」の場所はほかにないのです。おかずも、家の冷蔵庫や食料貯蔵棚の中で「買いましょう」。何せ、町でいちばん安い食料品店はここですから。そして服も、ショッピングモールに出かけていって新しい物を買ったりせず、自分のクローゼットや引き出しの中からつくり出せばよいのです。自分の力にきっと驚かされるはずですよ。

こうしてお金が節約できたら、そこには二重のメリットが生まれます。まず、より健全な地球と、より力強いコミュニティがつくられる。そしてあなたは、節約できたお金を自分が信じるところに投じて、自分が住みたいと感じる世界にお金を回していくことができるのです。

未来へのビジョン

アンナの話 Ⓛ

これは〝買わないみんな〟へのラブレターです。私は、グループの人のところに何かを受け取りにいくときは、いつも必ず歩いていくようにしています。そうすると、新しい道を散策できて、感謝の時間を持てるから。毎回、予想もしないようなすばらしい奇跡が待ち受けていて、この新しい多様なつながりに守られて、自分が〝よそ者〟でない実感が湧きます。グループのみんな、本当にありがとう。みんなのやさしさとシェアリングのよろこびは私に希望をくれます――どんどん支え合って、みんなひとつになれるって。

（アンナ／オーストラリア）

森の木々は、生態系の驚くべき支え合いの中でこそ生き続けていることが研究で明らかになっています。1本1本の木が、地下に張り巡らされた菌類のネットワークにつながり、お互いに栄養分や力を伝え合っています。私たち人間も、自分たちを森の木々になぞらえ、コミュニティの中に同じような支え合いの関係をつくり出すことができます。ローカルなネットワークが強固になれば、みんなで力を合わせて、すごく大きなことを成し遂げられるはず。

さて、今度は、あなたのコミュニティを「もっと大きな森の中の1本の木」だと考えてみてください。それはギフトエコノミーの森で、それぞれのグループが互いに支え合うことのできるネットワーク。このように「ネットワークの中にネットワークがある」ことで、さらにパワフルに、よいものを生み出していくことが可能になります。ローカルなネットワークの中でシェアリングができるようになったら、次はグローバルなネットワークにつながり、もっと大きな驚くべき結果を生み出していけるからです。これこそが私たちの描く未来へのビジョン。「買わない暮らし」は本当に、世界をよりよい場所に変える力があると思うのです。

ギフトエコノミーによる救援活動

2015年4月25日。ネパールをマグニチュード7・8の地震が襲いました。1週間も経たないうちにわかったのは、救援物資が首都のカトマンズより奥にほとんど届いていないということ。道路は遮断され、しかも、家を失った200万人を超える人々のための救援物資は底を尽きつつあります。カトマンズ市内ではテントやタープが完全に売り切れ、外国政府や支援機関はネパール唯一の国際空港で足止めを食らい、救援物資は税関にせき止められています。みんなが待ち望んでいる食べ物やテントやタープや毛布や医療物資は、滑走路に置き去り。お役所仕事のがんじがらめで、もしかしたら何ヵ月もそのままかもしれません。

ネパールに住むリーズルの友人たちは取り乱していました。辺境で苦しんでいる人たちに何とか物資を届けたいと、リーズルに携帯メールを送ってきました。まだ瓦礫の下に埋まっている家族がいる。道の通行もままならない。救援物資を乗せて村へ向かうトラックが、途中で必死に助けを求める道端の人々に呼び止められて、なかなか先へ進めない。まだ何万人もの人々がすべてを失い、食べ物、清潔な水、寝袋、雨除けなど最低限の物資を求めている——。

私たちは途方もないことを試してみようと思い立ちました。「買わない暮らし」のグローバルなネットワークに働きかけて、物資を集めて届けようと思ったのです。かなりの規模の話です。世界各地のボランティアを巻き込むことになるし、航空会社の参戦やソーシャルメディアの仕掛けも必要です。まずは活発なグループのある主要都市からスタートしました。最初はシアトル。運営メンバーのシェリーが、シアトル近郊の500個に及ぶグループに向けて、さらにネパールのアウトドア企業シェルパアドベンチャーギアを所有する友人を介して、メッセージを投稿しました。すぐに大きな旅行かばん22個分の物資が集まり、輸送コンテナに入れてネパールに送り出すことができました。シェルパアドベンチャーギアが、ネパール向けの通常貨物と一緒に飛行機に積み込んでくれたのです。

コロラド州の友人たちは、登山仲間のネットワークを生かして、旅行かばんやテント、タープ、医療物資を集めてくれ、サンフランシスコやインディアナ、オハイオ、マサチューセッツ、ニューハンプシャー、ワシントンDCでもそれぞれのグループが動いてくれました。次に、「買わないプロジェクト」のすべての主要都市のソーシャルネットワークでメッセージを拡散し、「ネパールへの渡航を予定している人で、手荷物をいくつか余分に運んでくれる人」を募りました。旅行者ならば、入国時、個人手荷物にテントやタープや寝袋や医療物資を詰めて、そのままさっさと空港を通過できるからです。同時に、アメリカサイドでは航空会社の超過手荷物の部署に働きかけ、人道援助による料金免除も取り付けました。いちばん協力的だったのはユナイテッド航空とエティハド航空。超過料金を免除してもらった何百もの荷物が、医者、看護師、登山家、科学者、映像作家、ボランティアなどの人々と一緒にヒマラヤに飛び立っていきました。カトマンズで待ち受けていた友人たち──登山家やカヤック選手、ガイドなど──は、それらの物資と医療チームを、遥か遠方の村々まで送り届けました。

ユナイテッド航空のパイロットであるマットは、オフの日に乗客としてネパール行きの便に乗り込み、ひとりで旅行かばん100個分のテントとタープをネパールに持ち込むことを申し出てくれました。エベレスト登山家のデイビッドは、インディアナ州での仕事を休み、友人2人とともにネパールに飛んで、私たちが頼んだ100個のソーラー充電器を現地に運び込んでくれました。これらの充電器は、ラスワ郡の人たちが、地震による雪崩で完全に土砂に埋まったランタン地域の村を再建する中、大活躍しました。これらひとつひとつのストーリーは、私たちにより大きな物語の存在を示してくれます。小さなコミュニティ単位のシェアリングやギフトエコノミーが結集することで、困難な状況下、たしかなうねりを作り出すことができるのです。

私たちのフェイスブックグループはまるで管制塔のようになり、みんながそこにつながって、あらゆる種類の障害物を迂回していきました。そして、私たちはギリギリのところで、ネパールに物資を運び入れる「秘密トンネル」さながらの道を、白昼堂々通すことに成功したのです。最終的には──既に2ヵ月の時が経っていましたが──旅行かばん240個分の荷物を集めて、ネパールに送り届けることができました。中に詰めたのは、700個を超える家族用のテントやタープ、100個のソーラー充電器、毛布、医療物資、数百個のソーラー電球。負担した費用はほぼゼロ。モンスーンの到来前にひとつ残らず送り届けることができました。お金にしたら実に700万円を超える物資は、すべてごく普通の人々が屋根裏やガレージや倉庫の中から提供してくれたもの。願いは通じました。そして、このような災害が再び起きた際に何ができるのか、私たちは知ることができました。

このような個人対個人の世界的ネットワークは、どんな災害時においても大きな役割を果たすはずです。そして、大規模な機関による支援と並行して、現実的な支援の形として機能することが期待されます。「買わない暮らし」の根幹にあるのは、人の助けになりたいという私たちの内なる欲求。災害が起こると、私たちのシェアリング魂に火がつきます。もし十分な数の人がこの本で紹介した7つのステップに取り組めば、きっと地域はより安心になり、停電、失業、病気、離婚、山火事、ハリケーンなど、起こりうる様々な事態によりしなやかに対応できるようになるはず。みんながつながっていればいるほど、私たちは持てるものを分かち合えるし、危機にある人たちに手を差し伸べることもできます。

もしみなさんの住む地域にギフトエコノミーがあれば、みなさんは既に「力強いコミュニティ」を形成する第一歩を踏み出しています。その先にあるのは、単に近隣の人たちを助けるということにとどまりません。ずっと離れた遠くの人々が、ある日みなさんの助けを必要とした時、落ち着いてそれにこたえられるような未来に向けて、私たちは進むのです。

シェアリングで地球を救う

私たちが最初に「買わないプロジェクト」を立ち上げたきっかけは、この目でプラスチック汚染の惨状を目撃したことでした。私たちと一緒に買い物を減らし、シェアリングを増やし、プラスチックにノーと言ってくれる人がもっと増えていけば、社会のプラスチック依存は減り、その破滅的な被害も止めることができるはずです。究極の目標は、プラスチックが生態系に入り込むのを最初から阻止すること。そして、それは私たち消費者の選択からはじまります。私たちがプラスチックを買わなければ、メーカーはプラスチックの製造をやめざるを得ないのです。

私たちはみな、日々「買わない暮らし」に取り組むことで運動に加わり、個人の足跡を残すことができます。私たちひとりひとりが新しい製品を買わずに中古品やシェアリングで済ませるたびに、天然資源の枯渇を防ぐことができます。新しい製品を買うことを避けるたびに、その製品の輸送にかかる環境汚染を減らせることになります。そして、既に持っているものをゆずったり分かち合ったりするたびに、それらをごみ処理場に積み重なる運命から救い出せることになります。消費者としてちいさな抵抗のアクションをひとつひとつ起こすことによって、私たちは気候変動や環境汚染の緩和に向けて、それぞれ意味ある貢献をなすことができるのです。

実生活でのシェアリング

当初、「買わないプロジェクト」は、無料のソーシャルメディアからスタートしました。オンラインでメンバーの関係がつくられ、それによって人々は実生活でも結びつきました。でも、目標は、オンラインでもオフラインでも、みんなが場所を問わず、簡単にシェアリングできることです。

そんなわけで、今、「Soop.app」という専用のシステムづくりを進めています。世界中から利用できるオンラインのギフトエコノミーの拠点です。「利潤」ではなく、「公共の利益」のために動くシステム。みんながアクセスできる〝人ありき〟のサイトになって、グローバルなギフトエコノミーのネットワークがますます活発になったらいいなと考えています。これまで「買わないプロジェクト」を運営してきた中で学んだすべてを生かして、システムをデザインしています。たとえば、「人が社会的な関係やつながりを安定的に築ける人数には限りがある」とする研究。オックスフォード大学のダンバー博士によれば、人が有意義な関係を持てる人数のマジックナンバーは「150まで」だそうです。

もちろんソーシャルメディアの外でもシェアリングははじめられます。最初の一歩を踏み出して、地域の友人を週に一度、または月に一度、シェアリングの集まりに誘ってみましょう。友だちのそのまた友だちにも声をかけて、どんどん広げていきます。場所は家でもいいし、公園や公民館でも構いません。時間は、15分でも、1時間でも、あるいはもっと長くても！　シェアリングの題材は毎週決めてもいいし（服、台所用品など）、食べ物や料理でもいいし、道具の貸し出しバンクをつくってみてもいいし――。

ギフトエコノミーを地元の枠組みの中に組み込めると、シェアリングは本当に日常的な営みの一部として行われるようになります。オーストラリアの首都キャンベラは、「シェアリング都市宣言」をして、市民農園やマイクロライブラリー、地域ごとの「買わないグループ」など、市内のシェアリング情報をいろいろ掲載した地図を作成しています。これはほかの町や市でも実行可能なすばらしいモデルだと思います。

「買わない暮らし」という新しい価値観は、短期間に世界的な広がりを見せています。それは「買わない暮らし」が、現代の社会意識から抜け落ちてしまっていた部分を満たしてくれるものだから。分かち合いたい。つながりたい。自然環境を守りたい。そして、もっと力強いコミュニティを築きたいという、人としての切実な思い。循環型経済は、ごみや汚染を排し、素材や製品をできるだけ有効活用することによって、私たちのより自然なあり方を——さらにコミュニティを、原野を、気候を——再び蘇らせ、守ってくれます。みんなが力を合わせれば、私たちは必ずや、環境も、経済も、自分自身の家計も、日々の生活も、家族やコミュニティの幸福や健康も、きっともっとよいものに変えていけます。

この本がみなさんの家庭とコミュニティの変革の具体的なヒントとなり、単に「家」や「町」や「国」という枠を超えて、広く前向きな変化を生み出す動きにつながれば、これ以上うれしいことはありません。私たちの究極の願いは、「買わない暮らし」の考え方が、世界をまるごとよい方向に向かわせてくれること。地球上の資源が限られている以上、今のままの「生産」や「消費」や「ごみ処理」からは、よりよい未来につながる道は見えてきません。でも、未来へつながる道のりをみんなで分かち合い、ともに進んでいけば、可能性は大きく広がるはず。力を合わせて、未来の行き先を変えていきましょう。挑戦は既にはじまっています!

付録——

「ごみを見つめなおす」

ここは文字通り、「ごみを宝に」の精神で進めていきます。笑わないでください！　ごみを見れば、それを捨てた人の〝人となり〟や買い物の習慣が見えてくることは知っていますか？　消費が減れば、ごみも減ります。そして、自分がどんなごみを出しているかを調べれば、どうすればごみを減らせるのか、有効活用してくれそうな人にゆずれるものがあるのか、よりはっきりとわかってきます。ごみが減れば、もちろん環境にもいいですが、毎週のごみ出しのための支出も減り、手間も省けます。

出したごみが回収されたら、その行き先は深く考えないのがラクに決まっています。でも、その「行き先」は、大抵は焼却炉や最終処分場です。私たち家族はかなりごみを減らしたので、今や毎週のごみ出しはまったく必要なくなりました。シアトルでは、毎週の戸別回収は年に3万円近くかかりますが（訳注：アメリカでは各家庭で自治体と契約を結んでごみの回収をしてもらうシステムです）、私たち家族は、120ℓのごみ容器がいっぱいになるのは3～4ヵ月に一度。本当ですよ！　いっぱいになったら、地元の中間処理施設に直接持ち込みます。1回の持ち込み手数料は千円強。つまりは年間2万円以上の節約になります。なかなかの数字ですよね！

自分がどんなごみを出しているのかを細かく調べると、人と分かち合える可能性のあるもの（「自分のごみは他人の宝！」）、リサイクルできるもの、リユースできるものなどがはっきりとつかめます。それどころか、「買わない暮らし」の助けとなるものまで見つかるかもしれません。

当然かもしれませんが、ごみが気味悪くて触れないという人も多いようです。でも、一体何がごみを気味悪くしているのでしょう？　ごみ箱に捨てる前、あなたの手の中にあったごみは、そんなに気味悪いものではなかったはず。もしごみ箱に生ごみを入れなければ（そして代わりにコンポストすれば――詳しくは169ページ参照）、ごみ箱には乾いたごみしか入らず、それらはごみ箱に捨ててもいつまでもきれいなままです。もちろん、割れたガラスや針のような鋭いごみを捨てるときは、だれかがケガをしないよう、何かでくるむことをお忘れなく。

ということを踏まえて、さあ、はじめていきましょう。ごみ箱を持ってきて、中身をどんどん取り出していきます。中に入っているものを順に見ていきましょう。

資源物

まずは資源物として分別できるものを見ていきましょう。ルールは自治体によって異なります。インターネットでわかる場合も多々ありますので、まずは「（お住まいの自治体名）＋分別」のキーワードで検索してみましょう。ルールがわかったら、印刷して、しっかり慣れるようにします。たとえば、どんな種類のプラスチックを分別すればよいのか？　そういった詳細もルールに書いてあるはずです。何でもかんでも資源物に入れたくなるかもしれませんが、ルールに正確に従うことは重要です。違うものを入れてしまうと、一緒に回収されたもの全体に不純物が混じることになり、資源化できなくなってしまう可能性もあります。

プラスチック以外にも、紙、ガラス、アルミ缶、牛乳パックなど、分別できるものはすべてごみ箱から取り出し、資源物として分別します。すると何が残るでしょう？　リサイクルの対象とならないプラスチック？　いっそ買うのをやめるか、プラスチック製以外の別のものに代えてはどうでしょう？　または、捨てずにためておき、アートの先生など、活用してくれる人を探すのもあり。たとえば、私たちの地域では、ジュースなどのテトラパック（＝紙とプラスチックとアルミニウムが貼り合わされたパック）は分別回収の対象外ですが、私たちはいくつかどうしても買いたいテトラパックがあります。そんな場合は、空になったテトラパックを取っておいて、何か方法を考えます（訳注：日本でも、「テトラパックリサイクル便」や、ベルマーク運動の専用回収箱など、自治体に頼らずにリサイクルできる方法があります）。

紙

古紙回収業者さんは、大抵は新聞紙やコピー用紙などのきれいな紙ばかりでなく、ほとんどすべての紙を回収してくれます（訳注：日本では「ミックスペーパー」あるいは「雑がみ」として回収されます）。段ボール箱は分けて、たたんで、まとめて出します。「隠れペーパー」はいろいろあります。たとえば、トイレットペーパーの芯。電池や電球のパックの下敷きの厚紙。これらすべての紙を（訳注：ミックスペーパーとして）分別します。もしかしたら、ごみ箱の脇に突っ立って、紙からプラスチックの部分をビリビリ破り取る必要があるかもしれません。たしかにちょっとした労力ですが、気分はよいです。何しろ、それでわざわざお金を払って捨てるごみが減り、ごみ処理場行きとなるものが減り、資源として再生できるものがひとつ増えるわけですから。

もっとよいのは、最初から紙ごみを出さないようにすることです。ひとつできることは、ダイレクトメールを減らすこと。アメリカでは「Catalog Choice」や「PaperKarma」などのウェブサイトやアプリでダイレクトメールを止めることができますし、もちろん、送ってくる会社に直接電話をしてもよいでしょう。

ガーボロジー――ごみ分析

アメリカの最終処分場を調べると、驚くべきことに、今なおいちばん大きな割合を占めているのは「紙」。「ガーボロジスト＝ごみ分析学者」を名乗る考古学者たちは、90年代、初めて最終処分場の〝掘り返し〟を行い、驚くべき発見をしました。当初は、プラスチックが重量比でおそらくいちばん大きな割合を占めるとの予想だったのですが、びっくりなことにそれは違いました。メーカーはペットボトルやレジ袋の軽量化に成功していたので、ほかの素材に比べ、それほど場所を食ってはいませんでした。いちばん場所を食っていたのは、何と紙。この発見にはだれもがびっくり仰天。なぜなら、紙は有機物なので分解するに違いないと思われていたからです。しかし、現実は違いました。（訳注：アメリカでは焼却が一般的ではないため、分別されなかった紙ごみは最終処分場に直接埋め立てられるケースが多くなります）

このプロジェクトのリーダーだった故ラトジー博士は、紙は地表から10メートルくらい下がった場所でも、まったくそのままの状態で残っていたと書き記しています。ごみの奥深くに埋まり、分解を促す光や水や空気が一切なかったのです。調査の結果、紙は最終処分場の50％近い場所を占めていました。現在はその割合は25％ですが、それでも物質別でいちばん多数を占めていることには変わりません。これはもちろん、リサイクルによって少しでも減らすべきところです。そのためには当然、歯ブラシのプラスチックパックから紙をむしり取って救い出すことも必要になるでしょう。

生ごみ

生ごみは、重量比でごみの最大勢力。つまり廃棄物処理は、生ごみをごみ処理場に運搬するのに多量の化石燃料を費やしているわけです。でも、生ごみはもしかしたらみなさんのすぐ近所の人が有効活用してくれるかもしれない資源です。自分でコンポスト容器を持っていない――あるいはニワトリを飼っていない――人は、生ごみをギフトエコノミーで分かち合ってみましょう。レベッカは実はコンポストをやめてしまったのですが（しつこい野ネズミが原因）、娘が飼っているモルモットがニワトリの食べ残しをほとんど全部食べてくれます。恥ずかしがらないで、とにかく「生ごみを数日に一度あげるので、コンポストにしたり、ニワトリやうさぎやモルモットの餌にしてくれる人はいませんか？」とみんなに訊いてみればいいのです。そうすれば、ほしい人がきっと出てきます。動物に生ごみを食べさせれば、その分、市販の餌を買わずに済みます。そして、生ごみがごみ箱から消えると、日々のごみは目に見えて減ります（ついでに臭いも劇的に改善！）。もし過激に思えるなら、そして、自治体が生ごみの分別収集を実施しているなら、それを利用するのも手です。アメリカでは既に多くの自治体が生ごみの分別収集を実施しています（訳注：残念ながら日本ではまだまだ一般的ではありません）。もちろん、自分で生ごみコンポストに挑戦し、ごみをまるでお店で売っているような立派な堆肥に変身させて、鉢植えや窓辺のハーブや屋上庭園の植物にやるのもありです。

さて、ごみ箱の中にはまだコンポストに入れられるものが残っているかもしれません。私たちはこんなものまでコンポストに入れていますよ。これまで入れ続けているものをざっと挙げると…

——ペットの毛、バスケット、飲み残しのワイン、紙のシュレッダーごみ、暖炉や薪ストーブの灰、ワックスペーパー（訳注：種類によってはコーティングがコンポストに適さない場合もあるようです）、綿の糸、麻ひも、天然ゴムの風船（訳注：添加剤が入っているため、コンポストに適さないという指摘もあります）、コーンスターチ製の発泡緩衝材、卵の殻、綿棒（芯が紙のもの）、ナッツの殻、果物の種、羊毛、コンブチャのスコビー、使用済みのマッチ、マスキングテープ、古いポプリ、古い重曹、有害物質の入っていない粘土、輪ゴム（天然ゴムのもの）、トウモロコシの皮と芯、プラ不使用のティーバッグや紙製包装、紙くず、古いハーブやスパイス、魚すべて、アボカドの種。

私たちの家では、生ごみの⅔くらいは野菜くずです。そして、その全量が有効活用されます。忘れずに、広口瓶に野菜くずを取っておいて、スープストックにします（124ページ）。

さて、ごみ箱の中に何が残っているでしょうか？もうあまりないですよね？資源物を分別して、容器包装プラスチックを抜き出して、コンポストに入れられるものや動物の餌にできるものをより分けていくと、あとに残るのは雑多なごみがいくばくか。そしてもちろん、最後は「買わない暮らし」の出番です。呆れないでください。それぞれ道があるのですから。たとえば、ワインのコルク、王冠、クッション封筒、気泡緩衝材。これらは、自分自身に使い道がないなら、ほかのだれかにゆずりましょう。いろいろな形でリユースしてもらえる可能性があります。

どうか、次に何かを捨てるときはクリエイティブな心を忘れず、ギフトエコノミーでシェアリングをしてみましょう。ほしい人が出てこないとは言いきれないですよ！　自分のごみ箱の中身を人とオープンに話し合えるようになったら、とにかくなるべく捨てず、恥ずかしいと思わずにシェアリングしてみてください。それが広がっていけば、炭素排出量は減り、消費の形も変わり、クリエイティブなリユースが世界中に弾ける未来が到来するはずです。

謝辞

まず何よりも、ギフトエコノミーに参加してくれた世界数十万人の人たち、そしてネパールのアッパームスタンのサムゾンの人たちに感謝します。「買わない暮らし」を行動に移し、モノを賢く使い、資源を分かち合い、人と地球を大切に考えてくれてありがとう。みなさんの個人としての本当に様々な行動が積み重なることで、より大きな集合的な動きや体制の変化が生み出されるのです。私たちの前にこの道を通ったすべての人に、そして、今ともに歩みを進めている人に、さらにこれから参加してくれるであろうすべての人に、深く感謝します。

創設メンバーたちの献身と情熱がなければ、このプロジェクトは単なる地域の小さなグループのまま終わっていたことでしょう。大好きなシェリー。地図づくりの名人でこの本のリサーチやとりまとめも手伝ってくれたクレセント。厳しい質問をぶつけてくるけれど、結局は助けてくれて、いつだっていちばん専門的で貴重なサポートをしてくれるジョン。新しいアイディアを試験運用するとき、いつもよろこんで実験台を務めてくれた最初のグループのメンバーのみんな。グローバルチームのシェリル、ジェニファー、アイリーン、ミッシェル、アレクサ、アン、レイチェル、アントワネット、ダリア、キャサリン、マーリーン、クリスティーナ、エマ、ケイト、ローラ、ロビン、キム、フランシーヌ、エイドリアン、ロラ、リサ、そしてリリアン。大切な地域ボランティアのみんな。そして、すべてのグループのすべてのメンバーたち。また、この本の中でお話を紹介させてもらったたくさんの人たちにも感謝しています。

リーズルからは、母のグレーテルに感謝を。フェミニズムにガーデニング、アウトドアに養蜂と、人生を通してお手本を示し続けてくれてありがとう。あなたがミシガン東部で初の生ごみ分別収集の導入を指揮したことは、私の地域活動に大きなインスピレーションを与えました。父の「きっとできる」という楽観性は、人生では文字通り「どんなことだって実現できる」、さらに、「今までだれも通ったことのない場所にさえ到達できる」という深い思いを私の中に植え付けてくれました。そして、2人の子どもたち、フィンとクレオにも心からの感謝を。ほかの子どもたちとはずいぶん違う、冒険三昧、実験三昧の子ども時代を受け止めてくれてありがとう。おばあちゃんや世の母親たちがよく言うとおり、「きっとあとで感謝するからね」。そして、夫のピート・アサンズへ。私の愛と敬意と感謝は、どんな言葉をもってしても、到底言い尽くせない。その品位と、恐るべきエネルギー、そして、いつも周りにいる人をサポートしてくれる姿に感謝。兄姉のブリン、ハイディ、ジョック、そして彼らのパートナーと子どもたちの信じられないくらい温かな応援にも、とびきりの感謝を。一生分のよろこびと、情熱と、笑いと、競争と、試練と、苦難と、共感と、冒険を生み出してくれてありがとう。心の友であるヒマラヤの案内人、シェルパ族のアングテンバとヤンギンにも感謝。人生のレッスンをありがとう。2人をなつかしく思わない日はありません。いつか近くで暮らせたらどんなにいいか。

レベッカからは、母のアニタと父のフィルにとびきりの感謝を。公務員の仕事やフェミニズム、環境運動、社会正義への2人のとめどない献身は、私の人生の仕事に、明確で揺るぎない指針を与えてくれました。そして、シングルマザーとして働く私の暮らしを可能にし、有意義なものにしてくれたすべての人たち。その数々の生きたお手本、会話、ストーリー、助言、教え、食べ物、何杯ものお茶、すばらしいアイディア、さらに緊急事態や存在の危機を救ってくれたことに感謝。特に、おばあちゃんのインゲ、ナットとアイリーン、ナンシー、バリー、メリッサ、ミンとピーターとリルー、エリカ、ラリー、ジリアン、キャスパー、ニナ、ライザ、アーヤン、ジェン、ミノとレクシア、ミッシェル、ガザム湖の仲間たち、ナオミ、ザン、ジュリー、ケイ、IWCのみんな、デブ、ジェニー、マリア、マリッサ、ITAのみんな、ロリー、ジェイミー、ジル、メリンダ、シェリー。そして、娘のエイヴァとミラにはいちばん深い感謝を。たくさんのアイディアと力仕事、そして忍耐とユーモアをもって、この「世直し」の活動に寄り添ってくれて、ありがとう。

著作権エージェントのニティにも心からの感謝を。私たちに「本が書けるのでは?」と連絡をくれたのは2年前。私たちを信じてくれて、本作りに向き合う道を照らしてくれてありがとう。編集者のサラの助言にも多くの気づきをもらいました。しずかに、明快に、そしてあたたかく、私たちの物語を作り上げてくれてありがとう。あなたが地元の「買わないグループ」のメンバーだったと知り、理想の編集者に出会ったと思いました。編集部のメラニーとその仲間たちの舞台裏での協力も本当にありがたく思いました。アンジェリーナの校閲には、細部に至るまで身が引き締まる思いでした。校閲段階のジェイソンの助言にも感謝しています。そして、すばらしいイラストを描いてくれたブルックにも、心からありがとう。

訳者あとがき

本書は、2020年4月にアメリカで刊行された*The Buy Nothing, Get Everything Plan: Discover the Joy of Spending Less, Sharing More, and Living Generously*の日本語訳です。テーマは「ギフトエコノミー」。お金による売買や取引ではなく、無償での「贈与」や「分かち合い」によって、モノやサービスが循環する枠組みを意味します。

およそすべてがお金でやり取りされる現代、「贈与や分かち合いによる経済」などと言うと、「非現実的な理想論」のように感じる人もいるかもしれません。でも、本書にも書かれているとおり、かつての人間社会にはギフトエコノミー的要素がもっともっとあふれ、長きにわたって経済の重要な一部を占めていたわけです。それが貨幣経済／市場経済の肥大化・絶対化とともに、すっかり影の薄い周辺的な存在に成り下がってしまったのは、わりに最近のこと。

20ページでも紹介した鶴見済さんの『0円で生きる』の冒頭にこんな言葉があります。

「地球上にある物はもとよりすべてが共有物だった。人々はそれを分け合い、あげたりお返ししたりして暮らしてきた。その私有化を推し進めた最大の勢力は資本主義であり、ここ二世紀ほどはその全盛期だった。（中略）お金がすべての社会になったのは、ほんの数百年前のこと。それまでの人類史のほとんどの期間、人は必要なものを分け合ったり、あげたり、力を合わせたりしながら生きてきたのだ。はるか遠い昔のことではないのだから、取り戻せないはずがない。」

今は、誕生日プレゼントも、クリスマスプレゼントも、お歳暮も、お礼も、「なんでもお金で買って済ませる」時代です。つまり、「贈与」さえ、お金なしでは成り立たなくなっている。以前、「お金がないと生きられない動物は人間だけ」という言葉にハッとしたことがありますが、本書はまさにそうした現状を問い直し、より本来的な生のあり方について考えさせてくれる刺激的な1冊だと思います。

幸せいっぱいのおすそわけ文化

ギフトエコノミー的なゆたかさの断片は、今も田舎にはあふれています。わが家は高知県の山のふもとに移住して6年。日々、高知のおすそわけ文化を満喫しています。

家に帰ってくると、玄関に野菜の入った袋がゴロリと転がっているのは日常茶飯事。ある時はご近所さんから釣った魚をいただいたり、はちみつのしたたる蜂の巣をバケツごといただいたり。はたまた、ゆずや柿や梅や枇杷やプラムを「うちはもう採ったから、裏の木から好きなだけ勝手に採っていいよ」と声をかけていただいたり――。

通りがかりの川で、アユ釣りの様子を子どもたちと眺めていたら、見ず知らずの方から「ほれ、アユ」と20尾ものアユをプレゼントされ、家族一同歓喜したこともあります。自宅の新築の工事現場でも、大工さんが「もやしをどうぞ」、基礎屋さんが「アユをどうぞ」、建具屋さんが軽トラに立派な白菜を20玉も乗せてきて、「放置畑の白菜、食べ切れんから、全部持ってってって〜」。

南国気質もあってか、高知のみなさんはつくづく、「ゆずる」ことに慣れていらっしゃる。すごくおおらかで、たのしげで、開放的。何の躊躇もなく気軽にゆずる様子は、まさに本書に書かれているシェアリングの世界そのものです。

こちらもつられて、焼いたお菓子を配り歩いたり、たっぷりある作物をおすそ分けしたり、できる範囲でお返ししますが、とてもとても追いつきません（それほど圧倒的な量をいただくのです）。そこはもう、「天からの贈り物！」と思うことにして、今の自分たちができることを、「ペイフォワード」の精神で、できる範囲で〝世界に返していく〟ことを意識しています。

おすそわけに彩られる高知での暮らし。受け取っているのは、言うまでもなく「モノ」以上のものです。もちろん、モノそのものもありがたいけれど、そこにあるのは、単に「モノが手に入った」を遥かに凌駕する何か。人々の笑顔、言葉、思い。「善意の世界につながらせてもらっている」という安心感。お金とはまったく別種のたしかな価値やゆたかさを、やはりギフトエコノミー的おすそわけ文化は私たちに与えてくれていると感じます。

「買わない」から広がるゆたかさ

言うまでもないことですが、おすそわけの「時」や「内容」は自分では選べません。常に、「いただいた時」が、「その時」。突如、家にゆずが山ほど、立派な石鯛が1尾、大根が5本、というような事態が勃発します。「ちょっと今日は仕事が……」などと思っても、生鮮食品は待ってくれない。何とか算段をつけて、ひとつひとつの〝恵み〟に向き合うことになります。

この「予期せぬ事態に呑み込まれる」感じは、都会的な感覚からすれば、ともすると「困ったこと」なのかもしれません。でも、こういう「自分の外側からやってくる流れ」こそが、ある意味いちばん「生きている手ごたえ」というか、「生かされている実感」のようなものを自分に与えてくれているような気もします。すべてを自分ひとりで思い通りにコントロールしていたら、自分が人とのつながりの中で生きていることや、大いなる自然の中で生かされているという事実が、ともすると希薄になってしまう。「時の流れに身を任せる」からこそのゆたかさも、わが家は高知のおすそわけ文化から教えてもらっています。

おすそわけ文化を十全に生きるひとつの秘訣は、日ごろからモノを買いすぎないこと。十二分にモノを買いそろえていたら、外からの恵みが入る余地がなくなってしまうし、庭の収穫のありがたさも減ってしまうので、ふだんの買い物は「少なめ」に限ります。

そんな日々の中、わが家はますます「あるものを生かしきる力」が向上してきました。おすそわけいただいたものをどれだけ生かせるか。そして、それ以外の日々を、どれだけ少ない食材でやりくりできるか――。

本当はアップルクランブルが食べたいけど、せっかく柿があるのだから、柿のクランブルを焼いてみようかな？　キムチを仕込むためだけにアミやイカの塩辛を買いたくないから、冷蔵庫にある自家製ナンプラーを入れてみようかな？　マーマレードにする柑橘皮を茹でこぼした液、洗剤代わりに使えるらしいから、捨てずに使ってみようかな?

——そんなひとつひとつのやりくりや工夫から、わが家の暮らしはどんどん「自分色」に染まっていきます。それは生活のたのしさそのものでもあるし、自分ならではの人生を生きるよろこびでもあるし、日々の健全な充実感でもある。そこにあるのは、スーパーでよりどりみどりの商品から好きなものを選んで買ってきたのでは到底得られない、「わが家だけのぜいたく」です。

本書の帯に素敵な推薦文をくださった井出留美さんの著書『あるものでまかなう生活』(日本経済新聞出版)にも、本書にも通じる様々な「あるものを生かしきる」ヒントが綴られていますが、その中で感じるのも、やはり「たのしさ」。安易に買い物に頼らず、あるものに向き合うことをたのしめればたのしめるほど、幸せはぐっと身近な存在になっていきそうな気がします。

今日から取り入れたい「買わない暮らし」

そんなギフトエコノミー的なゆたかさを、現代の暮らしの中にどんどん呼び戻していくことを提案する本書。19ページのコラムでも触れたとおり、全世界100万人を超える「買わないプロジェクト」はまだ日本にはほとんど広まっていませんが、同じような趣旨のフェイスブックグループは既に日本各地に存在しています。コラムで紹介した以外にもたくさんのグループがありますので、ぜひアンテナを延ばして、近隣のグループを発見してみてください。

「近くにグループがない」「自分で新しく立ち上げるのもむずかしい」という方々は、本書でも勧められているとおり、まずは気軽にSNSの個人アカウントから不用品やほしいものを投稿してみるだけでも、思いがけない展開が待っているかもしれません。

わが家は数年前、「自動車をください」という友人のフェイスブック投稿を見て、処分を検討していた軽ワゴンをゆずり、まるで恩人のように感謝されたことがあります。ちょうど普通車への買い替えを決め、車屋さんから「その軽ワゴンはもう廃車にするしかないですね」と言われ、「本当はまだまだ使えそうだったのに…」と残念に思っていたタイミングだったのです。友人がフェイスブックで発信してくれなかったら、まずありえなかったうれしい結末。著者の言うとおり、SNSはギフトエコノミーの推進にうってつけの媒体です。ぜひ多くの方にうまく活用していただきたいな、と思います（もちろん、市役所や児童館の昔ながらの「ゆずり合い掲示板」もお忘れなく！）。

かつては過酷な環境を生き延びるための必然だったギフトエコノミー。今、市場経済の中で、地球環境を守るために、そして、より人間的な感覚を暮らしに呼び戻すために、より重層的な意味を私たちに投げかけてくれているように思います。読者のみなさんひとりひとりが、それぞれのやり方で、本書のヒントを生かしきってくださったら、こんなにうれしいことはありません。

最後になりますが、本書を発掘し、僕に声をかけてくださった青土社の福島舞さんに心よりお礼申し上げます。「いい本にしたい！」というまっすぐな思いで本書に寄り添ってくださったこと、とても幸運に思っています。

二〇二一年一月　服部雄一郎

［著者］**リーズル・クラーク**
米ワシントン州在住。映像作家・ディレクターとして、「ナショナルジオグラフィック」や「NOVA」、BBCなどの科学番組やドキュメンタリーを数多く制作。エミー賞をはじめ、受賞歴多数。その傍ら、ネパールの山村の子どもたちのために私設図書館をつくるなど、現地の子どもたちの識字力向上にも取り組む。パートナーの登山家ピート・アサンズ、ふたりの子どもたちとともに、ヒマラヤをはじめとする世界各地を旅する。

［著者］**レベッカ・ロックフェラー**
米ワシントン州在住。ソーシャルメディアコンサルタント。市民運動、非営利団体主宰、文筆業などを経て、リーズル・クラークとともに「買わないプロジェクト」を立ち上げ、ギフトエコノミーの一大ムーブメントを巻き起こす。ふたりの娘とともに、鶏を飼い、野菜を育て、花を植え、島暮らしをたのしんでいる。エバーグリーン州立大学卒業。

［訳者］**服部雄一郎**
高知県在住。役所でごみの仕事に従事したのち、カリフォルニア、南インドを経て、山のふもとに移住。ブログ「サステイナブルに暮らしたい」（sustainably.jp）ほかSNSや各種媒体でエコロジカルな暮らしについて発信。訳書に『ゼロ・ウェイスト・ホーム』（アノニマ・スタジオ）、『プラスチック・フリー生活』（NHK出版）ほか。カリフォルニア大学バークレー校公共政策大学院修了（修士）。

ギフトエコノミー
買わない暮らしのつくり方

2021年　3月10日　第一刷発行
2021年10月25日　第二刷発行

著　者　リーズル・クラーク
　　　　レベッカ・ロックフェラー
訳　者　服部雄一郎
発行者　清水一人
発行所　青土社
〒101–0051
東京都千代田区神田神保町1–29　市瀬ビル
電話 03–3291–9831（編集）　03–3294–7829（営業）
振替 00190–7–192955

印刷・製本　双文社
ブックデザイン　大倉真一郎

ISBN978-4-7917-7343-5